坨坨妈·小吃诱惑

那些让吃货们无法抗拒的解馋小吃

坨坨妈·著

浙江出版联合集团
浙江科学技术出版社

前言

总觉得在流派纷呈的中华美食中，小吃一直是最具地方代表性也最具人气的，因为它最常见、最草根、最亲民，无论贫富贵贱，谁都可以亲身尝试。不管哪个地方的特色小吃，都来源于我们最普通的生活，在千百年的时间里，在祖祖辈辈每一代人中传承着。所以一道小吃，无论是源起或传播，甚至从外观到口味的各种变化，都包含着各个地方的风土人情、历史和文化的发展。

作为一个美食作家，我一直想写一本比较有代表性和有特色的书，在众多的美食素材中，我舍弃了华丽的名菜而选择了小吃，就是因为它是所有美食中最具情感价值和最具诱惑力的。

无论何地，知名小吃都是最具代表性的美食名片，是一地的代名词。

此生走过的地方不在少数，遇到的每一个人讲起家乡的小吃，都是自豪和骄傲的，也是不容他人做半点不好的评价的。这种情怀，自古有之。其实一方水土养一方人，各地饮食习惯不一，你觉得好吃的人家未必喜欢，你觉得一般的也许是他人的最爱，这个无需勉强。

于我这种吃货来说，对美食就带着一颗博大包容的心，对于自己不熟悉的事物，我不一定会喜欢，但一定会尝试着去欣赏。

所以请看到这本书的朋友也用平和的心态来看待内容，本书中收录的小吃配方本人会尽量做到原汁原味，但为了便于家庭操作也会做些许简化，请不要过于苛责。

其实一道小吃是否正宗或美味，并不是它全部的意义，更多的是要看它所承载的情感和记忆。

于本地人来说，小吃是故乡的记忆，是从儿时到成长，每一天每一年记忆中最温暖的味道，在祖祖辈辈的传承中，那份味道溶入血脉刻入骨髓，成为每个人最难割舍的情怀。

于外地人来说，小吃是旅途中最鲜活的印象，对每一次陌生的相遇，无论人或者风景，我们会回想起来的味道，或美好或忧伤，都是人生中难忘的记忆。

如果有一天，你身在他乡，如果有一天，你想念妈妈的味道，如果有一天，你怀念旅途的美好，就跟着我们一起来重拾这种味道吧！

自己动手在家做小吃，吃的是一种回忆，一种情怀。

一步一步动手完成，你会收获更多的快乐和满足。

而做给家人、儿女、朋友、同事，大家在分享和品尝中，又会有新的温暖与美好的记忆。

唯爱与美食不可辜负，也唯爱与美食可一同流传，让我们把这份温暖与美好永远延续下去吧！

目录 mala

六 台湾风味小吃

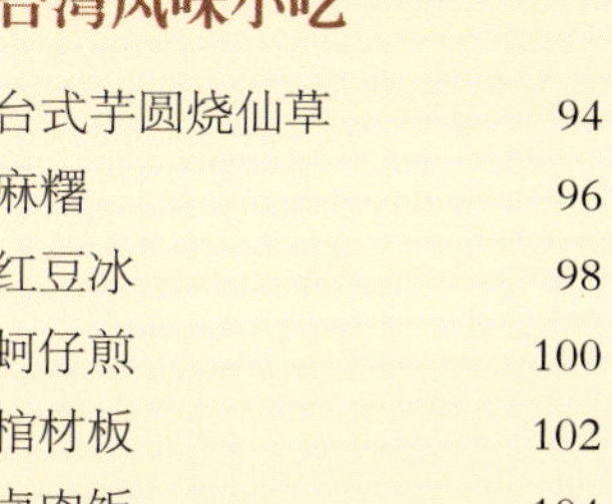

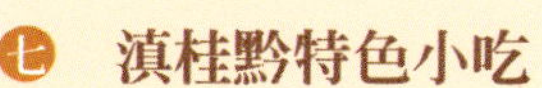

七 滇桂黔特色小吃

八 西北风情小吃

九 两湖特色小吃

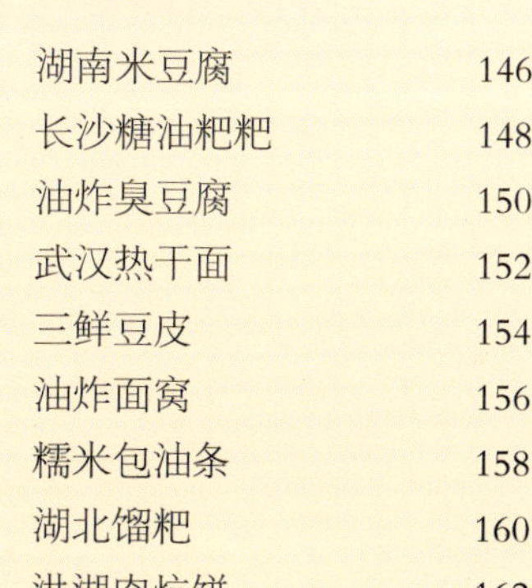

一、京津传统风味小吃

在大多数人眼中，传统的北方小吃，并不算非常精工细作非常拿得上台面的，它们只求扎实管饱，不求外观精致，但京津地区的小吃却并非如此。

京津作为北方的门户，从明清直至现代的政治经济文化中心，因其独特的皇城文化，衍生出了种类繁多的特色小吃，其中除了民间的，也有很多从宫廷流传而出的，而这些小吃又在民间受普通百姓的习俗的影响，演变出多种多样的版本。所以京津的小吃，在北方小吃中属于品种最多最全的，但因篇幅有限，我在这里只选出了其中9道比较有特色，口味较大众，也适合家庭操作的小吃，以供大家参考。

老北京奶酪

开篇第一章，很想选一个最能代表北京的小吃，若论名气，豆汁恐怕是头一份的，因为有种说法："不能喝豆汁的人算不得真正的北平人"。但我就认识很多地道北京人都特不爱喝豆汁，毕竟那又酸又臭的味道并不是所有人都能接受的。

所以为了保险起见，我还是介绍一款大众都能接受的美食吧。

老北京的传统名小吃中，我个人最喜欢的还是老北京奶酪。淡淡的奶香，清爽的甜，每一种味道都绝不过分，虽不会让人惊艳，但吃过之后，你一定会在某个日子里突然地想念。

真正的老北京人，都好这一口。如果你哪天背井离乡，对这一口奶香念念不忘，可想吃的时候又买不到，不如就自个做吧！其实这东西做起来也不难，一点米酒，一点鲜奶、一点糖，至于桂花、松仁、果干之类的您就自个加吧，传统的方法是烤制的，为了适应有些人家里没烤箱这一点，我给出的方法是蒸制的，其实蒸制和烤制出来的成品是一样的，还更清爽不上火！

主料 鲜牛奶 200 克、甜酒酿汁 75 克、白砂糖 5 克

辅料 大杏仁 2 粒、松仁 4 粒、果脯干 10 克

工具 细面粉筛、奶锅、蒸锅、保鲜膜、小勺

分量 2 小碗 / 2 人份

1. 将甜酒酿用粉筛过滤，去除白色的米，只留下清透的米酒汁；
2. 取 75 克滤出的酒酿汁置于小碗中备用；
3. 奶锅中倒入 200 克鲜牛奶，加入 5 克白砂糖；
4. 搅拌均匀后小火慢熬 8 分钟；
5. 关火后将奶锅静置一会儿，待牛奶放凉表面结出奶皮后，用小勺挑去表面奶皮；
6. 此时再将酒酿汁倒入奶锅中，搅拌均匀；
7. 将甜酒与牛奶的混合溶液分别倒入两个小碗中，碗口包上保鲜膜，置于已经烧上汽的蒸锅；
8. 盖上锅盖，小火蒸 20 分钟即可；
9. 将蒸好的奶酪取出，不要撕开保鲜膜，自然晾凉后送入冰箱冷藏 1 小时；
10. 将辅料中的大杏仁、松仁、果脯干切碎；
11. 待冰箱中的奶酪冷却凝固之后取出，将切碎的辅料撒在奶酪表面即可。

操作要点

1 酒酿是蒸熟的糯米加上酒曲发酵而成的，又称醪糟、米酒、甜酒、甜米酒、糯米酒、江米酒等，各地叫法不一，但其实是同一种东西；

2 甜酒酿必须过滤，用无杂质的甜酒汁才能做出奶酪嫩滑的口感；

3 甜酒汁本身已经很甜，白砂糖可随个人口味添加，喜欢清淡口感的可以不加糖；

4 牛奶加热至沸腾状态后方可水油分离，冷却后才能结出奶皮，揭去奶皮的目的是为了去除牛奶中的乳脂，使剩下的乳清和蛋白成分能更好地凝固，让奶酪的口感更清爽；

5 用来蒸奶酪的碗最好选用瓷碗，不要用塑料碗，以免直火加热变形或者产生毒素；

6 包保鲜膜的目的是为了防止蒸制过程中，蒸汽凝结成水珠落入奶酪表面形成坑洞，冷却后送入冰箱也不要撕掉保鲜膜，以防与冰箱里其他食品串味儿；

7 家里有烤箱的，可以将溶液倒入烤碗或者固底小蛋糕模具中，150℃上下火中层烤 30 分钟，其余步骤相同；

8 辅料的选择随个人喜好，杏仁、松仁可以换成核桃、腰果、花生等，果脯干可以换成蔓越莓干、葡萄干、西梅干、蓝莓干、红提干等等；

9 蒸好的奶酪冬天可以热食，夏天冷藏过后口感更佳，做好的奶酪最好当天吃完，因为保质期很短，很容易变质。

褡裢火烧

北京的小吃历来以品种多样味道独特而著称。这其中提起褡裢火烧，恐怕没有几个老北京人不知道的。褡裢火烧不仅历史悠久，而且风味独特，一直是北京人爱吃的小吃之一。之所以被称为褡裢火烧，是因其制作成形后，酷似旧时人们腰带上的“褡裢”，故得此名。褡裢火烧是一种油煎食品，色泽金黄，焦香四溢，鲜美可口。

老北京最为著名的褡裢火烧，应当属位于北京前门外大街门框胡同里的“瑞宾楼”了。虽然年代已久门店破旧，但仍然生意兴隆门庭若市，其原因就是瑞宾楼的褡裢火烧制作精良，口感一流。

如果吃不到瑞宾楼的褡裢火烧，不妨自己动手做，褡裢火烧的制作原理和锅贴很类似，自己在家制作也是完全可以实现的。

肉馅 猪前夹肉150克、姜末10克、葱末15克、生粉10克、料酒3克、盐1小勺、鸡精适量、白胡椒粉适量、蛋白1个

面皮 中筋面粉250克、水125克

煎制 色拉油40克

工具 擀面杖、平底煎锅、刀、保鲜膜

分量 12个

1. 猪前夹肉剁成肉蓉，置于一大碗中；
2. 加入肉馅材料中的其他作料；
3. 拌匀后搅打上劲即成肉馅；
4. 中筋面粉倒入另一大碗中；
5. 加入水；
6. 搅拌均匀后用手揉成光滑的面团，盖上湿布或者保鲜膜醒30分钟；
7. 将面团搓成长条状，分切成12个大小相等的小剂子；
8. 将小剂子逐一搓圆；
9. 砧板抹少量干面粉，用擀面杖擀成圆形面皮；
10. 将面皮左右相对各折起一道小边；
11. 然后将面皮翻过来，中间放上一勺肉馅；
12. 再将面皮上下对折；
13. 再次翻转过来，用手指按压两边使面皮结合得更紧实；
14. 重复步骤9～13，操作完剩余材料，制作好所有生坯；
15. 平底锅内倒入色拉油，大火烧至七成热时转中小火，下入生坯煎至两面金黄即可。

操作要点

1 肉馅中加入蛋清口感更嫩滑，拌匀后如果搅打5分钟左右，可使肉馅更有弹性；

2 醒面的作用是为了让面团松弛变得更柔软，更便于操作，吃起来口感也更好；

3 面皮中放入的肉馅适量就好，不可过多，放多了第一不便于收口包皮，第二在煎制的过程中不容易熟；

4 面皮收口时，如果太干无法贴合，可以抹上少量水以便于粘连。

驴打滚

驴打滚又称豆面糕，是北京小吃中的古老品种之一（南方地区却喜欢称之为马打滚），它的原料是用黄米面加水蒸熟，和面时稍多加水和软些。源于满洲，缘起于承德，盛行于北京。由于清朝的八旗子弟爱吃粘食，“驴打滚”很快就传到了北京，成为北京的一种风味小吃。

传统的驴打滚的原料是用黄米面蒸熟后夹豆沙馅卷制作而成，而流传到现代，大多数已不用黄米粉，改用江米粉（即糯米粉）了，因外滚黄豆粉面，其颜色仍为黄色，特点是香、甜、粘，有浓郁的黄豆粉香味儿。但为什么又称“驴打滚”呢？这似乎是一种形象比喻，制得后放在黄豆面中滚一下，如郊野真驴打滚，扬起灰尘似的，故而得名。如今，很多人只知雅号俗称，不知其正名了。

如今，人们制作驴打滚比旧时要容易得多，糯米粉和成品的红豆沙馅在超市就能买到，只要稍作加工就能完成，所以是很便于自己制作的小吃之一。

主料 糯米粉 200 克、水适量、红豆沙馅 150 克

辅料 黄豆粉 50 克

工具 蒸锅、炒锅、毛刷、油纸、硅胶垫、擀面杖、平底长方烤盘、面粉筛、刀

分量 9 个

1 糯米粉置于一大碗中；
2 徐徐加入清水，边加边搅拌，直至无干粉的状态即可；
3 用手揉成团；
4 蒸格上垫油纸，将粉团放入蒸锅；
5 盖上锅盖，大火烧上汽后改小火，蒸 20 分钟左右；
6 用筷子戳中间，没有硬芯或者白色没有蒸熟的部分即为蒸好了；
7 蒸粉团的同时，可炒黄豆面，取 50 克黄豆粉；
8 用炒锅小火干炒出香，至颜色稍稍变深即可；
9 硅胶垫刷上少量油；
10 擀面杖抹油，将蒸好的粉团在硅胶垫上擀开呈长方形的面皮，厚度约为 0.6 厘米；
11 取一大平底长方烤盘，将炒熟的黄豆粉均匀地在烤盘上筛上一层；
12 筛完后可将烤盘提起轻轻墩几下，使黄豆粉厚薄均匀；
13 将擀好的面皮放在黄豆粉上；
14 再在面皮中间均匀地抹上一层红豆沙馅，左右各留一部分不抹；
15 将面皮从左到右卷起成筒状；
16 刀口抹油分切成 9 个小段即可。

操作要点

1 粉团垫油纸是为了防粘，以免蒸熟的糯米粉团粘在蒸格上取不下来，如果没有油纸，可以用小盘刷油，再将粉团放在盘中蒸制；
2 黄豆粉一定要炒熟的才香，如果你买的是已经炒熟的黄豆粉，就只需用微波炉加热 20 秒左右让其出香即可；
3 炒黄豆粉时注意要小火干炒，锅内不能放油，全程要不停炒动，以免黄豆粉炒煳口感会很苦，颜色稍稍变深闻得到黄豆的香味即可，不要炒得太过；
4 硅胶垫和擀面杖抹少量油更易于将糯米面团擀开，否则会很黏无法操作，家里如果没有硅胶垫的，可以用保鲜膜代替，也可以直接在大理石台面上抹油再进行操作；
5 用平底烤盘是为了更方便地回收用不完的黄豆粉，如果没有烤盘，用其他的大平盘或者砧板之类的也能同样操作。

豌豆黄

豌豆黄是北京传统小吃。按北京习俗，农历三月初三要吃豌豆黄，因此初春豌豆黄就上市，一直供应到春末。

北京的豌豆黄儿有两种，一种是北海公园仿膳制作的所谓宫廷小吃；另一种则是走街串巷的小贩出售的制作较粗糙的豌豆黄儿。这两种小吃都叫豌豆黄儿，但用料、工艺、价格有天壤之别。

坨妈家自制的豌豆黄，算是这两种版本的综合体，既不像宫廷版是双色的，也不是民间版的糙豌豆黄，借助现代的料理机，不用过筛碾泥那么麻烦，把煮熟的去皮黄豌豆直接打成泥再炒至八成干，装入碗中，待凝固冷却后再切件即可，是非常简单上手的美味哟！

主料 去皮干豌豆 150 克、冰糖 65 克、水适量

辅料 小苏打粉 1 小勺

工具 汤锅、料理机、平底不粘炒锅、橡皮刮刀、方形带盖容器、刀、滤篮、小勺

分量 5 块

1. 去皮干豌豆150克；
2. 过水冲洗干净；
3. 取一大碗倒入大半碗水，加入小苏打粉搅拌均匀；
4. 然后将洗净的干豌豆倒入此碗中；
5. 浸泡6小时以上，中途换一两次水，记得换第一次水的时候要冲洗干净；
6. 将泡好的干豌豆滤出倒入汤锅，加入2倍的水，大火煮至粉烂即将开花的程度即可；
7. 将煮好的豌豆连带少量水倒入料理机；
8. 搅拌成均匀的糊状；
9. 将豌豆糊倒入不粘炒锅，加入冰糖；
10. 开小火，一边加热一边不停用橡皮刮刀翻炒；
11. 直至炒到豌豆糊约八成干，呈团状，可挂在刮刀上不会很快掉下来的程度即可；
12. 将炒好的豌豆糊装入方形带盖容器中，用小勺抹平表面；
13. 盖上盖子，送入冰箱冷藏一夜；
14. 第二天，取出倒扣切成小块即可食用。

操作要点

1 泡豌豆时加入小苏打是为了加速豌豆的涨发和软化，也可以改善豌豆生涩的口感；

2 注意煮豌豆时煮至刚刚变成粉烂的口感即可，不要煮到开花，否则淀粉质都溶于水中，开花的豌豆口感就会是脆的，不粉烂绵甜；

3 煮好的豌豆加入料理机中时，加少量的水更容易搅拌成糊，太干料理机不好工作，也容易损坏；

4 炒豌豆糊一定要用不粘炒锅，以免粘连煳底；

5 炒制的过程是个需要耐心的过程，一定要全程小火且不停地翻炒均匀，这样才能不粘锅不煳底，也能更快地让水分蒸发；

6 豌豆糊炒到八成干即可，炒得太干的话，在冷藏的过程中会干裂，影响成品的口感；

7 冷藏过程中一定要盖上盖子，一是防止与冰箱中其他食物串味，第二是避免水分蒸发过多，导致豌豆黄干枯开裂，好的豌豆黄是干稀适中，软硬刚好的。

沙琪玛

沙琪玛原名“萨其马”，是满语的音译。在满语里，“萨其”是“萨是非”、“马拉本壁”的缩音，拥有“切”的意思，由于“萨其马”属于一种“切糕”，再加上“码”的工序，即切成方块，然后码起来。

沙琪玛是满族的一种传统小吃，清代关外三陵祭祀的祭品之一，原意是“狗奶子蘸糖”。其制作工艺是将面条炸熟后，用糖浆混合成小块。时至今日，萨其马的制作方法已被改良：将鸡蛋加入面粉制成面条状再下油锅炸制酥脆，再由白糖、蜂蜜、食用油炒成糖浆后与炸好的面条混合，讲究一点的还会加入葡萄干、杏仁、花生、芝麻等，待糖浆干透凝固后切块即可。口感绵甜松软，色泽金黄，甜而不腻，入口即化，味道十分香浓。

主料 中筋面粉 250 克、酵母粉 3 克、鸡蛋 3 个

辅料 麦芽糖饴 150 克、白砂糖 110 克、水 80 克、葡萄干 30 克、油炸花生 50 克、熟白芝麻 25 克

制作 干淀粉适量、色拉油 1000 克（实用 150 克左右）

工具 面粉盆、擀面杖、炒锅、大号不锈钢盆、24 厘米 × 24 厘米正方蛋糕模具、刀、保鲜膜、筷子

分量 16 块

1. 取一大盆，加入中筋面粉与酵母粉；
2. 鸡蛋打入另一大碗中；
3. 将鸡蛋打散成蛋液后倒入面粉盆中；
4. 用筷子搅拌成絮状；
5. 然后用手揉成光滑的面团；
6. 将面团放入大盆中，盖上保鲜膜置于温暖处(30℃左右)发酵；
7. 待面团发酵至 1.5～2 倍大时停止发酵；
8. 将面团取出分成 2 份，重新滚圆，盖上保鲜膜或者湿布醒 10 分钟左右；
9. 将醒好的面团搓成长条状；
10. 台面和面团表面抹少量干淀粉擀开成厚约 0.6 厘米的长形面皮；
11. 将面皮对折后切成 0.5 厘米宽的面条状；
12. 撒上适量干淀粉将面条抖开以防粘连；
13. 炒锅倒油，大火烧至六成热时转中火，下入面条炸至面条浮起并变硬，颜色稍带焦黄时关火；
14. 将炸好的面条捞出滤干油分，冷却备用，此分量得分两锅炸；
15. 准备好葡萄干、油炸花生和白芝麻；
16. 取一不锈钢大盆，倒入麦芽糖饴、白砂糖和水；
17. 将大盆置于火上一边搅拌一边中火加热，至糖

浆开始沸腾鼓泡并呈现焦色时熄火；

18 将炸好的面条迅速倒入盆中，加入葡萄干、花生米和白芝麻快速地从下往上翻拌均匀，使每一根面条都均匀地裹上糖浆；

19 将拌好的面条倒入正方蛋糕模具中，并用勺背压平压紧；

20 晾凉冷却，待糖浆凝固后，取出切块装盘即可食用。

操作要点

1 炸面条时要注意火候，六成油温下锅，中火炸制，火力不可过大，时间也不要炸得过久，面条初浮起时是软的，等面身变硬，开始变得酥脆时就可捞出，因为这款面团中含有大量的鸡蛋，所以稍不注意便会炸煳；

2 糖浆的火候很重要，煮得过干，很容易焦煳，第一影响口感，第二很容易凝固，还没等放入面条拌料就开始凝固粘连，结板成块，不易于操作；煮得过稀，水分没有蒸发完全，糖浆就算放再长时间也无法凝固成形，最后的沙琪玛也切不成块；

3 用不锈钢盆直接加热煮糖浆，最大的好处是关火后盆和糖浆都还是热的，此时将面条等其他原料放入盆中翻拌，可以翻拌得更均匀，糖浆不至于过快地凝结，也更便于操作。

艾窝窝

艾窝窝是老北京清真风味小吃。曾有诗云“白黏江米入蒸锅，什锦馅儿粉面搓。浑似汤圆不待煮，清真唤作艾窝窝”。它的特点就是色泽洁白如霜，质地细腻柔韧，馅心松散甜香。

关于艾窝窝的来源有两种说法，一说古已有之，源于北京；另一说是由维吾尔族穆斯林带入清宫，后流传至北京民间。

真正的起源无从考证，但老北京人喜欢吃艾窝窝是不争的事实，其实这种小吃的原料都是很常见的，制作方法也并不复杂，只要掌握窍门，自己在家做是完全可以实现的，而且内馅和口味的选择也可以根据个人喜好自己把握，所以自己做也是一种不错的选择。

馅料 腰果 20 克、核桃 20 克、果脯 20 克、红葡萄干 20 克、山楂糕 20 克、熟白芝麻 15 克、白砂糖 40 克、桂花糖酱 1 大勺

皮料 糯米 150 克、水适量、干糯米粉适量

装饰 红葡萄干适量

工具 烤箱、料理机、蒸锅、微波炉、擀面杖、刮板、纱布

分量 9 个

馅料制作

1. 核桃和腰果放入 200℃的烤箱烤 5～8 分钟，取出晾凉至完全冷却；
2. 果脯和山楂糕切碎成小丁；
3. 将切碎的果脯和山楂糕置于一大碗中，将冷却后的核桃和腰果用料理机打成粉末加入碗中；
4. 再加入白砂糖和白芝麻，并加入 1 大勺桂花糖酱；
5. 混合拌匀即成馅料。

1

2

3

4

5

整体制作

1. 将糯米淘洗干净后用清水浸泡 6 小时以上；
2. 将泡好的糯米滤出；
3. 放入铺好纱布的蒸锅；
4. 大火烧上汽后蒸 30 分钟；
5. 蒸 20 分钟后开盖均匀倒入适量清水，并翻动一下以便糯米均匀吸收水分；
6. 盖上锅盖再蒸 10 分钟至糯米完全熟透；
7. 将蒸好的糯米倒入一大碗中，趁热用擀面杖捣烂成团；
8. 取少量干糯米粉用微波加热 30 秒；
9. 将糯米粉抹在砧板上，再将捣烂的糯米团倒在砧板上；
10. 滚动搓成长条状，分切成 9 个均匀的小剂子；
11. 手心抹上干糯米粉，取一个小剂子滚圆按扁，中间放上一小块馅料；
12. 捏起包好收口滚圆；
13. 放入盘中，最后在中心插上一小粒红葡萄干做装饰即可。

操作要点

1 馅料的选择可随个人喜好随心搭配，核桃和腰果可以换成花生或者杏仁等任何一种干坚果，果脯和果干也可调换，桂花糖酱可换成蜂蜜或者玫瑰酱等；

2 糯米必须浸泡至涨发才能蒸制熟透；

3 蒸的过程中加水是为了让糯米吸收更多的水分，以便于最后捣烂，水分少了蒸熟的糯米是一粒粒的，比较干硬，无法捣成粘连的团状；

4 捣糯米一定要趁热，冷却后糯米变硬不利于操作；

5 砧板扑熟糯米粉是为了防粘，如果不扑糯米团会很粘手，不便于操作；

6 表面装饰的红葡萄干如果没有，也可以用枸杞代替。

老北京炸酱面

对于老北京人来说，饭不一定是天天吃的，炸酱面却一定是隔三差五必须要吃一回的，而且无论是上到七八十的老头老太太，还是下到三五岁的黄口小娃儿，都强烈地爱好这一口。炸酱面，对于北京人不是一碗面，而是一碗当家饭。

炸酱面的起源无从考证，到今天也没有一个官方的说法，但跟炸酱面最息息相关的传说则来自“六必居”。据传是先有六必居的黄酱，才后有的炸酱面。所以自古老北京人做炸酱面，必用六必居的干黄酱，也有人喜欢再加些甜面酱，但对某些老北京来说，加甜面酱或其他作料的炸酱面的口感就不纯正了。

坨妈个人倒是觉得无所谓，喜欢加什么酱可随个人口味，四川人喜欢加郫县豆瓣，江浙人喜加冰糖，这个嘛，合自己胃口就好，只不过适合自己口味的，就不能叫老北京炸酱面了，而是自家味道的炸酱面啦！

炸酱面用的肉，一般是肥瘦相宜的五花肉，若要正宗，肉一定不能用剁或者绞的肉末肉糜，而是要切成黄豆大小的小丁。不吃猪肉的朋友还喜欢使用羊肉来制作，味道也相当的鲜美。吃素的还可使用鸡蛋来炸酱，这都是炸酱面发展中很多新派的做法，喜欢的朋友也可根据自己的口味来尝试一下。

手擀面 中筋面粉 200 克、鸡蛋 1 个、清水 60 克、干淀粉适量（防粘用扑粉）

炸　酱 猪五花肉 150 克、色拉油 50 克、干黄酱 1 大勺、甜面酱 1 大勺、水 30 克

菜　码 胡萝卜丝 30 克、心里美萝卜丝 30 克、黄瓜丝 30 克、蒜末 10 克

工　具 擀面杖、汤锅、刀、不锈钢盆、筷子、保鲜膜

分　量 2 人份

1. 准备制作手擀面的面粉、鸡蛋和清水；
2. 将三种材料倒入一大盆内；
3. 用一根筷子搅拌成絮状；
4. 然后用手揉成光滑的面团；
5. 砧板撒少量干淀粉，将面团稍擀开后盖上湿布或者保鲜膜醒30分钟；
6. 然后将面团表面抹上适量干淀粉，擀开成大片；
7. 将面片上下三折，然后用刀切成切条状；
8. 撒上少量干淀粉将切好的面条抖开，以防粘连；
9. 五花肉切碎成黄豆大的小肉丁；
10. 煎锅倒入色拉油大火烧热，下入肉丁煸炒至断生，然后转小火慢炸，至五花肉中的肥肉开始出油时，加入干黄酱和甜面酱；
11. 加入30克水翻炒至酱汁均匀，然后小火煮8分钟左右，中途翻炒几次，至酱汁浓郁时关火；
12. 最后烧一大锅开水，下入面条煮沸后加冷水，再次煮沸后再加冷水，如此反复三次以上，至面条浮起即可；
13. 煮面条的过程中可将胡萝卜、黄瓜、心里美萝卜切丝，大蒜切末；
14. 最后将煮好的面条挑入碗中，然后勺上一大勺炸酱，码上各种菜码即可食用。

操作要点

1 揉好的面团醒发一定时间后更松弛，更便于擀开，醒发时要盖上湿布或者保鲜膜以免面团变得干硬；
2 擀开成大面片时正反两面都要撒上干淀粉防粘，否则不便于操作；
3 炸酱面的肉要用切的，切成黄豆大小的小丁，而不是用剁或者搅的肉泥，这样在炸酱的过程中肉才会颗粒分明，最后的成品也更好看；
4 干黄酱和甜面酱本身已经很咸，所以不用再加任何调料；
5 煮面条一定要沸水下锅，然后大火煮沸后再加冷水，反复多次，这样煮出来的面条才清爽劲道，如果冷水下面条，小火煮面，最后会煮出一锅糊汤；
6 菜码的选择没有定式，可随个人喜欢自己更换，可选择加入蛋皮、豆芽、海带丝、榨菜、火腿之类的配菜。

耳朵眼炸糕

耳朵眼炸糕，天津的代表性小吃，与“狗不理包子”、“十八街大麻花”一起并称为天津三绝。

坨妈这本书里，本想把这三绝都给收录进去，可是狗不理包子如果做得不正宗就是一家常包子，十八街的大麻花工艺复杂，操作起来有难度，所以只挑选了这其中较容易做的耳朵眼炸糕。

耳朵眼炸糕是一种清真食品，起源于清光绪庚子年间（1900 年），耳朵眼炸糕店的第一代掌柜刘万春最初的店铺是在北门外窄小的耳朵眼胡同出口处，因出口窄小而被食客戏称为耳朵眼炸糕。

传统的耳朵眼炸糕采用泡米磨浆，淋水发酵兑碱制皮，然后熬馅包制后下油锅炸制而成。如今人们做炸糕，比古时要方便许多，超市有现成的粘米粉和糯米粉，红豆沙馅也有半成品，买回家只要把两种粉加点水混合成团，包上豆沙馅下锅炸炸就成，所以这著名的天津三绝之一，其实在家是很容易实现的哦！

主料 糯米粉 140 克、粘米粉 60 克、水适量、红豆沙 300 克

辅料 色拉油 1000 克（实用 50～60 克）

工具 面粉筛、炒锅、滤网、筷子

分量 6 个

1. 糯米粉和粘米粉混合均匀后筛入大碗中备用；
2. 缓缓加入适量清水；
3. 一边加一边慢慢搅拌均匀，到干稀适中且无干粉的状态即可；
4. 用手揉成光滑的粉团；
5. 将粉团分切成 6 等份，逐一搓圆；
6. 取约 50 克红豆沙馅搓圆成馅；
7. 取一块粉团按扁，中间放入红豆沙馅；
8. 包起收口滚圆，即成炸糕生坯，剩余材料重复以上步骤操作即可；
9. 炒锅倒入 1000 克色拉油，中火烧至五成热；
10. 下入生坯炸制；
11. 待表皮炸至变硬颜色微黄时捞出，冷却至温热；
12. 再将油锅转大火，烧至八成热时下入先前已经炸过一次的炸糕，大火快炸并适当翻转，至炸糕表面呈焦黄色时关火；
13. 捞出滤干油分即可装盘食用；

操作要点

1 如果没有糯米粉和粘米粉，可将糯米与大米按七比三的比例混合后用清水浸泡一夜，再用料理机搅打成浆，然后用纱布滤干水分，一样可以得出干稀适中的粉团；

2 红豆沙馅一般超市有售，如果想自制，只需将红豆加少量水和适量糖用高压锅压至熟烂，然后用料理机搅打成糊，最后加锅小火炒干，即成红豆沙馅；

3 耳朵眼炸糕需分两次炸制，这样能让炸糕的受热更均匀，不至于表皮炸得过老，中间馅心却是冷的，从而避免爆皮和形成突起，同时也为了表皮上色好看，口感外焦里嫩。

煎饼馃子

煎饼馃子是天津市民小吃，天津人常把其当做早点。

馃就是油炸食品。在煎饼（加鸡蛋）里裹上油条（天津，河北部分地区，山东北部的乐陵市称油条为馃子），所以叫“煎饼馃子”。

传统的煎饼馃子，是由绿豆面薄饼，鸡蛋，还有油条或者薄脆的“果篦儿”组成，配以面酱、葱末、辣椒酱（可选）做为作料，口感咸香，如今的煎饼馃子原料已经不仅限于绿豆面摊成的薄饼，还有黄豆面，黑豆面等多种选择。

煎饼馃子的制作工艺并不复杂，只要有口平底锅，稍掌握一点摊煎饼的诀窍，就很容易操作，所以有兴趣的朋友不妨来试试，自己动手做这道天津的著名小吃。

主料 绿豆 60 克、小米 20 克、水 225 克、鸡蛋 3 个

辅料 生菜 6 片、火腿 50 克、油条 2 根、小葱适量、甜面酱 1 大勺、腐乳 1 小块

工具 料理机、面粉筛、平底不粘煎锅、毛刷、刀

分量 5 张

1. 绿豆 60 克、小米 20 克；
2. 淘洗干净后加入 225 克清水浸泡 4～6 小时；
3. 然后将泡好的豆子连水一同倒入料理机搅打成浆；
4. 将打好的浆倒入大碗中，送入冰箱冷藏一夜；
5. 第二天取出滤出豆渣；
6. 油条切成小段、小葱切末、火腿切薄片、生菜洗净、甜面酱与腐乳混合均匀备用；
7. 平底锅小火加热，至锅六成热时，将粉浆搅拌均匀，勺入 1 大勺粉浆，并晃动锅底至刚刚铺满一面；
8. 鸡蛋稍稍打散，倒入适量蛋液在面皮表面，用锅铲或者勺背抹匀；
9. 趁鸡蛋未凝固时撒上葱花；
10. 然后将饼皮翻个面，烙 1 分钟后关火；
11. 再在饼皮上刷上甜面酱与腐乳混合的酱汁；
12. 将生菜、油条、火腿码在饼皮上；
13. 将饼皮卷起即可。

操作要点

1 绿豆与小米浸泡后更容易搅打出浆；

2 打出的米浆再浸泡一夜更浓郁；

3 滤出豆渣时要用勺背按压，充分挤出豆渣中的水分；

4 煎饼时粉浆要先搅拌均匀，以免淀粉沉底，干稀不均；

5 煎饼皮时煎锅不用烧得过热，以免饼皮煳，全程小火操作即可，不宜使用大火。

二、江浙沪江南小吃

说起江南，人们想起的往往是醉柳莺啼，晓风残月，文人墨客的诗情，秦淮女子的温柔乡。也正是这样的风月之都、金粉之地，才造就了江南独有的文化与美食。

江南的女子，一口嗲嗲的吴侬软语，让人听得仿佛浑身的骨头都要酥软起来。而江南的美食，也和江南的女子一样，精致到细微处，甜腻到骨子里。

一直很喜欢江南的很多小食，甜酒酿、桂花汤圆、松子糖、糖炒栗子、糍饭团、冰糖葫芦、蟹粉小笼、海棠糕、定胜糕、袜底酥、蜜枣酥和桂花糖年糕等等，若一一列举，非一本书能讲完，所以这里我只推荐了其中比较有代表性的几道。

上海小笼包

说起上海的特色小吃，大家最耳熟能详的，估计就是上海小笼包了。

上海小笼包，论其正宗，当属南翔小笼，小笼包其实是北方的叫法，上海江浙一带的人，叫小笼包是叫馒头的，上海最著名的南翔小笼，招牌上写着的是“南翔馒头店”。南翔馒头店距今已有100多年历史。南翔小笼制作工艺非常讲究，要求皮薄、馅多、卤重、味鲜，而且一个包子规定要14个褶以上，一两面粉要制作十只，形如荸荠呈半透明状，小巧玲珑，出笼时取一只放在小碟内，戳破皮汁满一碟为佳品。

坨妈也曾经吃过豫园的南翔小笼，去的时候真的是排了半天长队才买到，不过说实话那包子鲜则鲜矣，但对我这个湖北人来说有一个小小的不能接受的地方，那就是包子的肉馅居然是甜的！我想北方人或者四川人估计更难接受。虽然自己并不喜欢，但我仍然尊重一地的饮食口味和习惯，也许我们吃起来觉得腻，但本地人觉得不加糖就不是正宗的上海小笼。每一个地方的人，口味都有其固定坚守的习惯，有些小习惯是很难改变的。

所以本书给出的配方，肉馅里我还是加了糖，如果亲和我一样不喜欢糖的口感，可以把糖的成分去掉。

面　皮　中筋面粉300克、水150克、干酵母粉3克

猪皮冻　猪皮200克、料酒10克、盐半小勺、水适量

馅　料　猪前夹肉300克、料酒10克、生姜15克、盐1小勺、白砂糖5克、鸡精半小勺、白胡椒粉适量

工　具　汤锅、料理机、面包机、蒸笼、蒸锅、刀、滤网

分　量　32个

1. 猪皮刮去猪油和猪毛，洗净备用；
2. 将猪皮切碎成小丁；
3. 将切碎的猪皮过沸水汆熟后捞出，以去除猪皮的浮油；
4. 将猪皮倒入汤锅中，重新加入3倍的清水，加入半小勺盐、10克料酒，大火煮开后撇去浮沫；
5. 盖上锅盖转小火煮30分钟；
6. 将猪皮捞出，滤出的汤汁即为制作猪皮冻的高汤，将高汤装入带盖容器中，冷却后送入冰箱冷藏4小时；
7. 冷藏后的汤汁即凝固成冻状，将猪皮冻扣出；
8. 分切成黄豆大小的小丁；

9 猪前夹肉 300 克、10 克料酒、15 克生姜放入料理机搅打成肉末；
10 在肉末中加入 200 克皮冻，然后加入 1 小勺盐、5 克白砂糖、半小勺鸡精和适量白胡椒粉拌匀即成馅料，将制好的馅料送入冰箱冷藏备用；
11 面包机中加入 300 克中筋面粉、150 克水和 3 克干酵母粉；
12 选择和面程序，搅打 15～20 分钟后停止程序，将面团取出揉圆；
13 放入大盆，包上保鲜膜，置于温暖处（30℃左右）发酵；
14 待面团发酵至 2 倍大时停止发酵；
15 将面团取出排气，重新揉圆；
16 搓成长条后分切成约 15 克一个的小剂子，逐一搓圆；
17 取一个小剂子擀开；
18 包入约 30 克肉馅，包成包子状，捏口收紧实；
19 将包子生坯均匀码放在蒸笼上；
20 上锅大火蒸制，上汽后蒸 20 分钟左右即可。

操作要点

1 猪皮冻能否成形，汤汁熬制的浓稠度非常关键，一般来说要煮到 1000 克水剩下 400 克水的程度，如果没有熬煮到位，猪皮冻就难以凝结成形；
2 如果没有面包机，手揉面亦可；
3 面团发酵夏天室温即可，其他季节可放入烤箱、发酵箱、或者蒸上汽后关火的蒸锅；
4 皮要擀得尽量薄，包入的肉馅尽量多，这样蒸出来的包子才皮薄馅靓。

鸡汁生煎

生煎包的制作工艺并不复杂，用半发酵面团，包上适量的肉馅，下油锅煎底，加水，焖锅，收至水干油分被面皮吸收，即成脆底。其底部色金黄，硬香带脆，面身白色，软而松，肉馅鲜嫩稍带卤汁，咬嚼时还有芝麻或葱的香味。以出锅热吃为佳。

但要做出真正好吃的生煎包，从生坯到火功，每一步其实都很讲究，面要和得干稀适中，肉馅要三七肥瘦的前夹肉，为了煎至出汤，肉馅中还要最大限度地打入高汤，一般清的高汤直接打入肉馅中会很稀，不好包制，所以传统工艺是将猪皮、猪蹄、鸡爪等富含胶原蛋白的食材煮成高汤，待冷却凝固后即成冻状，然后将汤冻切碎拌入肉馅中，即可很方便地包制成形，而汤冻在煎制的过程中遇热又会融化成汤汁，所以才会形成生煎包最重要的灵魂，就是那一口爆浆的汤汁。

和上海小笼包一样，生煎包其实也是北方的叫法，在上海江浙一带，其实它是叫“生煎馒头”的，南方人管包子叫馒头，这一点真的让我很费解，嘻嘻，如果包子都叫馒头，那馒头叫啥咧？还有一点让我费解的是，他们煎包子居然是底朝天，褶子冲下的，不太理解这样煎的目的是为啥，但我想当地人流传千百年都是这样做，自然有他的道理，即使没有道理只是习惯问题，我想也应该尊重人家，所以我这里做出的生煎包，仍然是底冲上的，读者朋友们要是习惯了看包子褶在上的，就在煎的时候把它翻过来就好啦！

面　皮　中筋面粉 300 克、水 150 克、干酵母粉 3 克

鸡爪冻　鸡爪 500 克、生姜 20 克、料酒 10 克、盐 2 小勺、水适量

馅　料　猪前夹肉 300 克、料酒 10 克、生姜 15 克、鸡爪冻 200 克、盐 1 小勺、鸡精半小勺、白胡椒粉适量

煎　制　色拉油 100 克、水适量、熟黑芝麻适量、小葱末适量

工　具　汤锅、料理机、面包机、平底煎锅、保鲜膜

分　量　16 个

1. 鸡爪 500 克洗净后加入 10 克料酒、20 克生姜和约 2 倍的清水，浸泡 1 小时；
2. 然后将浸泡出的血水滤出，重新加入 2 倍的清水，加入 2 小勺盐，大火煮开后撇去浮沫，转小火煮 30 分钟；
3. 将鸡爪捞出，滤出的汤汁即为制作鸡爪冻的高汤，将高汤装入带盖容器中，冷却后送入冰箱冷藏 4 小时；
4. 冷藏后的汤汁即凝固成冻状，将鸡爪冻扣出；
5. 分切成黄豆大小的小丁；
6. 猪前夹肉 300 克、10 克料酒、15 克生姜放入料理机搅打成肉末；

7 在肉末中加入200克鸡爪冻，然后加入1小勺盐、半小勺鸡精和适量白胡椒粉拌匀即成馅料，将制好的馅料送入冰箱冷藏备用；
8 面包机中加入300克中筋面粉、150克水和3克干酵母粉；
9 选择和面程序，搅打15～20分钟后停止程序，将面团取出揉圆；
10 放入大盆，包上保鲜膜，置于温暖处（30℃左右）发酵；
11 待面团发酵至2倍大时停止发酵；
12 将面团取出排汽，重新揉圆；
13 搓成长条后分切成16个均匀的小剂子，逐一搓圆；
14 取一个小剂子，包入约30克肉馅，包成包子状，捏口收紧实；
15 然后将包子翻过来底朝天；
16 煎锅倒入100克色拉油，烧至油温热时关火，下入包子生坯；
17 然后将锅内倒入约半锅水；
18 盖上锅盖，大火煮沸后转中小火，收至水分煎干；
19 待水分收干，锅内只剩下油时，左右均匀转动锅底，让包子底部受热均匀，至底部变成焦色时，关火，最后撒上黑芝麻和小葱末即可。

操作要点

1 鸡爪冻能否成形，汤汁熬制的浓稠度非常关键，一般来说要煮到1000克水剩下200克水的程度，如果没有熬煮到位，鸡爪冻就难以凝结成形；
2 如果没有面包机，手揉面亦可；
3 面团发酵夏天室温即可，其他季节可放入烤箱、发酵箱、或者蒸上汽后关火的蒸锅；
4 包包子时注意包紧收口捍实，以免煎制时汤汁流出。

蟹壳黄

旧时在老上海的点心摊上有一种吃食，人们给这样的点心起了个很好听的名字，叫做“蟹壳黄”。蟹壳黄因其形圆色黄似蟹壳而得名。以上海石门一路威海卫路口的“吴宛饼家”制作的为最佳。

海派的做法有甜有咸：甜的主要以白糖猪油做馅，也有放玫瑰、枣泥、豆沙什么的；咸的以猪肉丁为主，考究的则要加进蟹粉、虾仁一类了。当然，萝卜丝拌葱段，一青二白的馅也很受人们喜爱。

早期上海许多茶楼的门口，立着个酒桶式的烤炉和一个平底的煎盘炉，前者烤蟹壳黄，后者做生煎包，两种风格迥异的小吃联袂而出，相得益彰。如今家用烤箱已经非常普及，稍有些烘焙基础的人，很容易就能掌握开酥皮的诀窍，所以自己在家做蟹壳黄也并非难事。

油皮 高筋面粉 150 克、猪油 40 克、温水 75 克、干酵母粉 2 克

油酥 低筋面粉 135 克、猪油 70 克

馅料 猪油 50 克、白砂糖 100 克、干桂花 20 克

装饰 全蛋液、白芝麻适量

工具 擀面杖、烤箱、毛刷、橡皮刮刀、保鲜膜、筷子

分量 20 个

油皮制作

1. 将 2 克干酵母粉加入 75 克温水中，搅拌均匀至酵母完全溶化，然后静置 5～10 分钟；
2. 将 150 克高筋面粉倒入大碗中，加入酵母水；
3. 用一根筷子搅拌成絮状；
4. 然后在碗中加入猪油；
5. 用手揉成光滑的面团；
6. 盖上保鲜膜室温静置 1 小时，待面团松弛会更易于操作；

油酥制作：

7. 将 135 克低粉过筛，筛入一大碗中；
8. 然后加入 70 克猪油；
9. 用手搓成均匀的粉末状；
10. 然后再用力揉成均匀的面团；

馅料制作：

11. 将 50 克猪油、100 克白砂糖和 20 克干桂花一同倒入一大碗中，用橡皮刮刀拌匀即成馅料；

蟹壳黄制作：

12. 将油皮和油酥面团各分割成均等的 20 等份，然后逐一搓圆，；
13. 取一小块油皮面皮用擀面杖擀开成圆形面皮，

然后中间放入一个油酥面团；

14 用掌心收口包起，然后慢慢将油皮往中间推；

15 直至将油酥整个盖住后，用掌心搓圆收口，滚成光滑的面团；

16 将面团擀开成牛舌状；

17 从上往下卷起，收口朝下；

18 然后复重步骤13～17操作完剩余材料；

19 取一个面卷竖放；

20 然后再次擀开成牛舌状；

21 再次从上往下卷起，收口朝下；

22 将面卷从中对切成两半；

23 将切开的面卷竖放，年轮面朝上；

24 用手稍稍按扁；

25 然后用擀面杖擀开成圆形面皮；

26 取约20克左右的馅料搓成圆球状；

27 将馅料放入饼皮中间；

28 将饼皮包起收口朝下；

29 稍稍按压或者用擀面杖轻擀，整理成圆饼形饼坯；

30 将饼坯整齐地码入烤盘；

31 在饼坯表面刷上适量全蛋液；

32 然后撒上白芝麻；

33 烤箱预热，上火180℃，下火160℃，中层，烤25～30分钟即可。

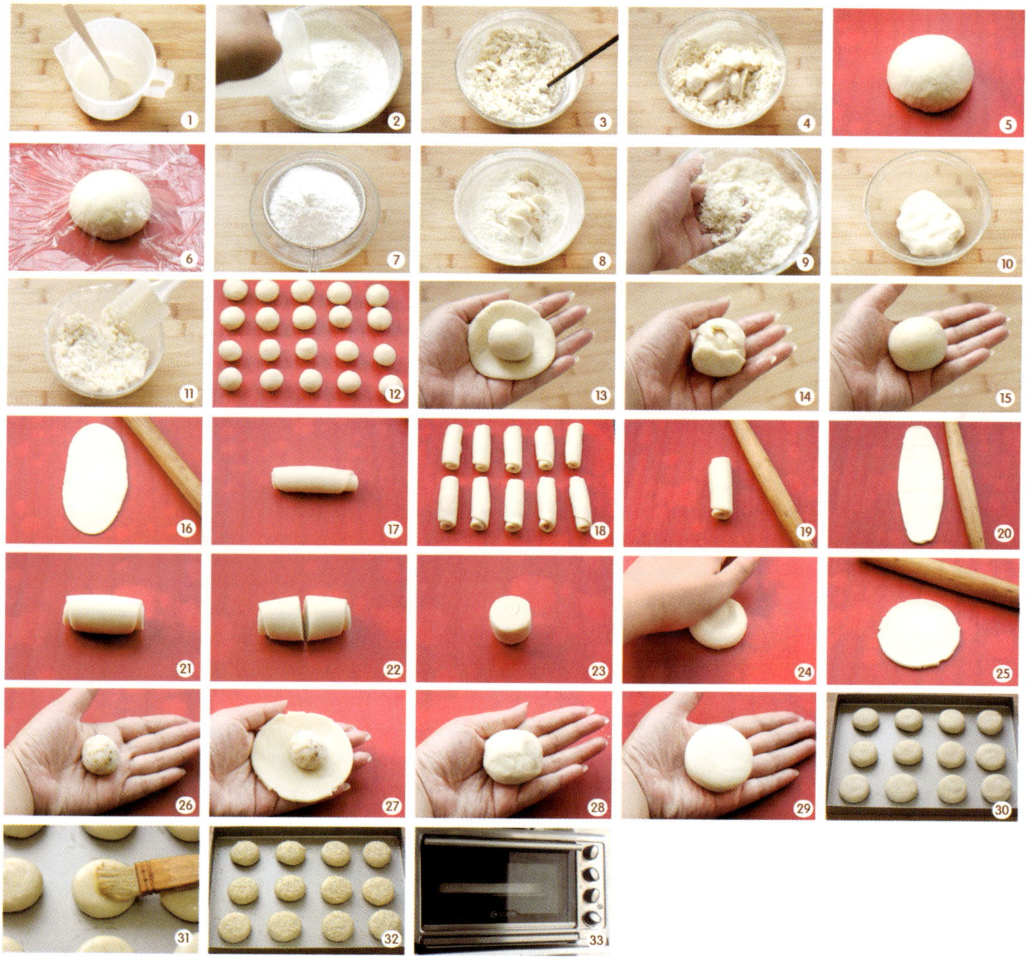

操作要点

1 油皮整形时因时间会比较长，所以事先整好的面团要盖上保鲜膜或者湿布，以免面团变干不易操作；

2 夏天天气炎热时，猪油馅混合好后要放入冰箱冷藏备用，以免温度过高猪油融化不易操作；

3 如果嫌糖桂花猪油馅太过油腻，也可以根据个人喜好，换成咸猪肉或者霉干菜、红豆沙、黑芝麻等馅料。

酒酿小圆子

酒酿是指蒸熟的江米（即糯米）拌上酒曲（一种特殊的微生物酵母）发酵而成的一种甜米酒，在我国全国各地称呼不同，也有叫醪糟、酒娘、米酒、甜酒、甜米酒、糯米酒、江米酒、酒糟的，都是同一种东西。

圆子指的是汤圆，且一般用的是无馅的小汤圆。酒酿圆子是江浙一带的叫法，其他地方一般叫米酒汤圆或者醪糟汤圆。

这一道小吃真要细究起来也不算江浙特色小吃，毕竟大江南北都有，基本算得上是一道国民小吃了。但坨坨妈一直认为它从本质和起源来说，都应该属于江南，别的地方或许也会做，但不像江南人做得那么精细讲究，别的地方人或许也喜欢，但不像江南人那样爱到骨子里。

酒酿圆子在江浙一带，是家家户户人人都爱吃，甚至隔一两天就要吃一次。洁白如玉的圆子，香甜的酒酿，翻滚如云絮的蛋花，缤纷如落英的桂花，这就是最地道的江南小吃酒酿圆子。煮得糊汤或水太多，圆子或蛋花沉底都是失败的做法。桂花的分量要恰到好处，多了太厚重，少了则无韵致，如同国画中那点睛的一抹色彩，那份精致和细腻只有慢慢品味才能体会。

主料 速冻小汤圆 150 克、甜酒酿 150 克、鸡蛋 1 个、水 250 克

辅料 白砂糖 20 克、干桂花适量

工具 小汤锅

分量 3 小碗

1. 准备好所有材料；
2. 汤锅加入 250 克水煮至沸腾；
3. 下入小汤圆煮至再次沸腾；
4. 加入白砂糖搅拌均匀；
5. 然后下入甜酒酿搅拌均匀；
6. 煮至再次沸腾时倒入打散的鸡蛋；
7. 用小勺将鸡蛋快速划散成蛋花，立即关火；
8. 将煮好的酒酿圆子盛入碗中，再在表面撒上少许干桂花即可。

操作要点

1 煮汤圆一定要开水下锅，冷水下锅容易煮成一锅糊浆；

2 冲蛋花一定要在水沸腾时下蛋液，然后快速搅散，以免蛋液凝结成团影响口感和美观，刚断生即可关火，不宜久煮，煮老了口感不鲜嫩；

3 酒酿本身很甜，所以这里不用加入过多糖，有些家庭自制的酒酿糖分更高，加水煮后仍然很甜，所以有时候不加糖也可以，这里给出的糖量只作参考，加不加糖可自行掌控。

桂花糖年糕

江南的米食中，最著名的还是年糕和糍粑。比起颗粒大一些的糍粑，我个人更喜欢的，还是更细腻洁白的年糕。

年糕是江南一带自古即有的传统食物，是用黏性大米或米粉蒸熟后反复揣打而成，东北一带甚至外国也有这种做法，但叫法不同，东北和朝鲜韩国一带叫“打糕”。而在江南之所以叫年糕，是因为江南人制作它时一般是在农历新年。古时起，江南一带每逢春节，为了庆祝当年的粮食丰收，也祈祝来年风调雨顺、五谷丰登，便会用当年的新米制作年糕。

我国很多地区都讲究过年要吃年糕。年糕又称“年年糕”，与“年年高”谐音，寓意着人们的工作和生活一年比一年提高。

桂花糖年糕是江南最盛行也最有特色的年糕吃法，其他地方比如北方或许会切片了拿来与肉、火腿、鸡蛋、青菜之类的同炒，也有东北会用它来做汤，只有在江南，年糕会被做成甜食，最常见的就是酒酿煮年糕和桂花糖年糕。

桂花糖年糕的做法不是用煮的，而是先用油煎再加水煮熟的，加入糖桂花收汁至浓稠即可，口感香甜软糯，非常好吃。

主料 切片年糕 200 克

辅料 色拉油 30 克、白砂糖 30 克、水适量、干桂花适量

工具 平底不粘煎锅

分量 2 人份

1. 年糕片洗净滤干水分备用；
2. 煎锅入油，中火加热；
3. 油温五成热时下入年糕片，在锅底均匀铺开；
4. 中火煎至一面起皮带焦边时，翻面再煎另一面；
5. 两面都煎好后加入白糖和干桂花；
6. 再加入适量清水；
7. 水量刚刚没过年糕即可，转大火煮制；
8. 待锅中水沸腾时用锅铲轻轻翻炒，约 1 分钟后糖汁变得浓稠时关火装盘即可。

操作要点

1 市售年糕有各种形状，片状的可以直接使用，条状的买回来用水泡泡再切片也一样；

2 糖的比例可自己调节，喜欢吃甜的多放点儿，不喜欢吃甜的少放点儿；

3 同样的做法也适合做糍粑。

片儿川

片儿川是杭州的一种著名汤面，面的浇头主要由雪菜、笋片、瘦肉丝组成，鲜美可口。片儿川是杭州奎元馆老店“历史上最具名声的面点之一”。2013 年 7 月，杭州片儿川荣登“中国十大名面条”榜单，它算得上是江南小吃中少有的，也最有代表性的面食。

片儿川是奎元馆初创时小面店的看家面，奎元馆的片儿川烹调与众不同，先将猪腿肉、笋肉分别切成长方薄片，将雪里蕻(又叫雪菜)切成碎末。将锅放在火上，下猪油烧化后，先下肉片略煸，再投入笋片，加入酱油略煸，最后放碎雪里蕻和适量沸水继续炒匀略煮，即成浇头出锅。在此同时，将面条放入另一沸水锅内煮熟，捞出迅速甩干水分，倒回炒浇头的锅内略煮，加入味精，浇入猪油，起锅，分别盖上浇头即成。面滑汤浓，肉片鲜嫩，笋菜爽口。

我在杭州的时候吃过很多杭州的美食，唯独对片儿川念念不忘，可能是因为它独有的咸鲜口感，在太多甜腻的江南小吃中独树一帜，所以才更令人印象深刻。回家后我就一直想自己复制出来，其实这道小吃的原料都很常见，自己制作也是非常容易的。

主料 雪菜 60 克、冬笋 80 克、猪里脊肉 80 克、潮面 400 克

辅料 色拉油 60 克、生粉 1 小勺、料酒 3 克、老抽 1 勺、盐 2 勺、鸡精半小勺、胡椒粉适量、胡萝卜 2 片、葱末适量

工具 汤锅 2 只、滤篮

分量 2 人份

1. 猪里脊肉切薄片，加生粉、少许盐、老抽半小勺，加料酒搅拌均匀；
2. 冬笋切片，雪菜备用；
3. 潮面下入沸水中煮至半熟；
4. 捞出过水冲凉备用；
5. 锅中入油烧热，下入肉片扒熟后捞出，底油仍留在锅内；
6. 下入酸菜和笋片翻炒1～2分钟；
7. 加入半锅水，加盐、老抽搅拌均匀；
8. 大火煮至沸腾时转小火，炖10分钟；
9. 下入面条，煮至再次沸腾；
10. 最后下入肉片，加鸡精、胡椒粉调味，稍煮即可关火，最后盛入碗中撒上葱花，放上胡萝卜片做装饰即可。

操作要点

1 杭州人把湿面叫“潮面”，把超市里卖的那种筒装挂面叫做“干面”或者“燥面”。这里的潮面，可以用新鲜的拉面，或者氽过水的碱水面条；

2 雪菜一般指雪里蕻，这种腌菜有两种，一种是将新鲜的雪里蕻氽盐水即食的，一种是经过腌制发酵变酸的。新鲜雪菜是翠绿色的，口感略涩微辣，常用来炒肉末；经盐腌渍的雪菜质脆味鲜，口感爽脆，略带酸味。本人更喜欢腌制过后的雪菜，口感非常酸爽！所以这里用到的雪菜是腌制过的酸雪菜，有的人喜欢清淡的口味，那么选择原味的新鲜雪菜亦可。

宁波汤圆

汤圆是宁波的著名小吃之一，也是我国的代表小吃之一，据传起源于宋朝，历史十分悠久。与北方人过年要吃饺子不同，宁波人在春节早晨都有合家聚坐共进汤圆的传统习俗，所以在宁波，汤圆并不是一道一般意义上的传统小吃。

宁波汤圆最著名的老字号当属“缸鸭狗”。缸鸭狗汤团之所以享有盛名，是因为它制作的猪油汤团独具香、甜、鲜、滑、糯的特点，咬开皮子，油香四溢。

这种汤团能够成为名点，一是原料好，二是制作讲究。制作时，糯米淘洗后用清水浸泡一周，细细水磨，入布袋榨干使干；猪板油剥皮，绞烂；优质黑芝麻淘洗净炒熟，舂碎，筛去壳，与白糖粉、板油一起揉，搓成小核桃大小的丸，再放入糯米粉中，搓成杨梅般大小的汤团，入沸水锅中煮熟盛碗，再放白糖、桂花。

在如今，想吃缸鸭狗的宁波汤圆，并不一定非得跑去宁波，半成品的缸鸭狗的水磨汤圆粉和汤圆馅在全国各大超市均有售，买回来自己稍加工一下，就能制作出正宗的宁波汤圆。

主料 汤圆粉（糯米粉）200 克、水 200 克、黑芝麻汤圆馅 200 克

辅料 白砂糖 10 克、甜酒酿适量、干桂花适量、水适量

工具 汤锅

分量 20 个

1. 宁波汤圆粉和黑芝麻汤圆馅各一袋；
2. 取 200 克汤圆粉倒入一大碗中；
3. 加入 200 克水；
4. 搅拌均匀后揉成光滑的粉团；
5. 将粉团分成 20 克一个的小剂子，逐一搓圆；
6. 汤圆馅分成 20 克一个的小剂子，逐一搓圆；
7. 取一块粉团按扁，中间放一粒汤圆馅；
8. 包起收口滚圆即成汤圆生坯；
9. 汤锅注入煮沸；
10. 下入汤圆生坯，煮至再次沸腾时加入少量冷水，然后再沸腾后再加冷水，反复 3～5 次；
11. 煮至汤圆全部浮起时就表示煮好了，可以关火；
12. 将煮好的汤圆盛入小碗中，加入少量白砂糖搅拌均匀；
13. 然后再加入 1 勺甜酒酿搅拌均匀；
14. 最后撒上干桂花即可。

操作要点

1 包汤圆馅时，注意中间不能包入空气，汤圆皮和馅心之间要包裹严实，这样才不会在煮制的过程中流馅或者破皮；

2 煮汤圆要开水下锅，多次加冷水煮制，这样煮出来的汤圆才会表面清爽 Q 滑，冷水下锅会将汤圆煮化，一直保持沸腾状态会让汤圆爆馅或者表皮过于软烂，失去爽滑的口感。

什锦豆腐脑

豆腐脑即是豆腐花，又称嫩豆腐、豆花，是利用大豆蛋白制成的高养分食品。主要分为甜、咸两种吃法。口味的分布是以地域为界的，江南一带是咸食的，而中部及江北两广、港台地区是甜食的，但到了东北、京津一带又成了咸食的。

甜食的豆腐脑一般是简单地加入白糖或者红糖，也有如台湾的做法较有特色，会加入绿豆、红豆、薏米、芋圆、莲子等其他食材做成甜品，一般是冷藏后食用，更适合夏天。

咸食的豆腐脑一般是热食，表面的浇卤各种各样，有肉末或肉丝、芹菜、黄花菜、木耳的；也有加海米、紫菜的；还有放入麻酱、辣椒油、香菜、酱油、醋的；也有放韭菜花、蒜泥、葱花的，各地的口味不同主要取决于作料。

坨妈给出的豆腐脑是江南一带常见的做法，用肉丝加黑木耳、黄花菜加高汤勾芡成卤，味道非常鲜美，也非常适合家庭制作。

豆腐脑 干黄豆 100 克、水 1000 克、葡萄糖酸内脂 3 克、纯净水 10 克

浇卤汁 猪里脊肉 100 克、盐 1 勺半、生粉 5 克、料酒 3 克、老抽 1 小勺、鸡精适量、白胡椒粉适量、色拉油 40 克、水发黑木耳 30 克、水发黄花菜 20 克、小葱适量、清水适量、水淀粉 15 克

工　具 豆浆机、滤杯、平底不粘煎锅

分　量 3 人份

1. 干黄豆100克；
2. 用清水浸泡6小时以上；
3. 将泡发好的黄豆清洗干净滤干备用；
4. 将黄豆倒入豆浆机，加入1000克水，选择程序开始煮豆浆；
5. 煮豆浆的同时可以准备浇卤汁，将100克猪里脊肉切成细丝，加入半勺盐、5克生粉、3克料酒和1小勺老抽，加少量水拌匀；
6. 黄花和黑木耳用水泡发洗净，黑木耳切成细丝，小葱切末备用；
7. 煎锅倒入40克油，烧热后下入肉丝扒熟；
8. 然后加入黑木耳和黄花翻炒均匀；
9. 再加入1勺盐，加入适量的水，能没过所有材料即可；
10. 煮至沸腾后加入水淀粉勾芡并翻炒均匀，待汤汁变得稍浓稠时即可关火；
11. 盛入碗中备用；
12. 将煮好的豆浆滤出豆渣，冷却至85℃左右；
13. 小碗中加入3克葡萄糖酸内脂；
14. 然后加入10克纯净水或者白开水搅拌至内脂溶化；
15. 将内脂溶液倒入豆浆中，迅速搅拌均匀；
16. 静置10分钟左右，用小勺勺起，豆浆凝结成豆腐状即可；
17. 将豆腐脑勺入小碗中；
18. 表面勺上浇卤汁，最后撒上葱花即可食用。

操作要点

1 溶化内脂的水一定要是纯净水或者白开水，以免生熟混合；

2 刚煮好的豆浆温度过高，一定要稍稍冷却后再加入内脂，以免高温破坏内脂中的葡萄糖酸成分，不利于凝固成形；

3 内脂溶液加入后要迅速搅拌两秒，之后不可再搅，静置待豆浆凝固，搅拌过度会妨碍豆浆凝固；

4 冬天气温偏低时豆浆静置等待凝固的过程需要放入烧上汽后断火的蒸锅内保温，以免豆浆冷却影响口感；

5 浇卤的汤头可自由变换口味，也有加入蛋花、紫菜、虾皮等其他汤头，这个随个人喜好啦！

三、山东闽南特色小吃

本书中最让我头疼的就是这一版块，因为山东和闽南的小吃品种繁多，要在其中挑出最有代表性的很困难，尤其还要适合家庭制作就更困难。因为这两地的小吃地域特色非常浓厚，其中很多要么是工艺特别复杂，模具特别难找，要么就是食材受限，外地购买不到。

最后列出的这几道小吃数量虽然有限，但多少也是两地最有特色也最能为大众所接受的小吃，食材也是网购能买到甚至有一些很常见。

福州肉燕

福州肉燕又称“扁肉燕”、“太平燕”，是福州的一道著名地方风味小吃，也是福州风俗中的喜庆名菜。福州人逢年过节，婚丧喜庆，亲友聚别，必吃“太平燕”，即取其“太平”、“平安”之吉利，故“无燕不成宴，无燕不成年”。

如今在全国各地大小城市都有的沙县小吃连锁店，常会打着招牌卖福州肉燕，但很多都不是真的肉燕，因为他们用到的不是真正的燕皮而是馄饨皮，以至于很多人认为福州肉燕就是北方的馄饨，只是叫法不同而已，其实不是那么回事。

正宗上好的燕皮，猪肉必选后腿的精肉，配以上好的番薯粉，肉粉配比恰到好处；通过精细复杂的工序手工打制而成，薄如白纸，其色似玉，口感软嫩，韧而有劲。

如果要吃正宗的福州肉燕，又不能去福州，不妨在家自己做吧。在网上就可以买到干的正宗福州肉燕皮，回家后切成四方小片，喷水软化之后即可使用，剩下的就和包馄饨差不多了，只要有包馄饨的功底就很容易上手，甚至于比包馄饨还要简单，因为它只要捏起来就完了，都不用折角造型神马的。

肉燕 燕皮 60 克、猪前夹肉 100 克、盐 1 小勺、老抽 1 小勺、生粉 5 克、鸡精适量、白胡椒粉适量、料酒 5 克、清水 5 克、生姜 10 克、蒜末 10 克、活虾仁 50 克

汤汁 紫菜 5 克、虾皮 5 克、盐适量、鸡精适量、白胡椒粉适量、小葱末适量、清水适量

工具 擀面杖、喷壶、剪刀、纱布、蒸锅、油纸、汤锅

分量 约 50 个

1. 猪前夹肉100克剁成肉蓉；
2. 加入1小勺盐、1小勺老抽、5克生粉、少量鸡精、少量白胡椒粉、5克料酒和5克清水；
3. 搅拌均匀后用擀面杖反复捣上劲；
4. 然后加入10克姜末、10克蒜末和50克切碎的活虾仁；
5. 用小勺拌匀即成肉馅；
6. 福州燕皮一包；
7. 取一小扎约60克面皮，正反两面用喷壶喷少量水；
8. 用剪刀剪成正方小块后再一层层剪开，成为一张张正方的燕皮；
9. 取一大块湿纱布或者棉布，将燕皮一张张放在纱布上，表面再喷少量水，静置30秒待燕皮吸收水分后软化；
10. 取一块软化好的燕皮，包入适量肉馅；
11. 从四边向中间捏起收口即成肉燕生坯；
12. 剩余材料重复以上操作即可；
13. 蒸格垫油纸，将包好的肉燕生坯均匀地码放在蒸格上，注意中间留空；
14. 盖上锅盖，大火蒸10分钟左右即可；
15. 将蒸好的肉燕旷凉至冷却；
16. 汤锅注入适量清水，下入紫菜和虾皮，加入少量盐（盐的比例根据水量调节，也和虾皮紫菜的咸度有关，所以这里不给具体分量）；
17. 煮至沸腾后下入蒸好的肉燕，煮至再次沸腾时关火，加少量鸡精和白胡椒粉调味；
18. 最后将煮好的肉燕连汤盛入碗中，表面撒上葱花即可。

操作要点

1 肉燕皮很干，剪的时候要表面喷水使其适度软化，不要喷得过多，以免软化过头燕皮粘连，剪的时候也要注意手劲，不要剪碎了；
2 用纱布隔离是为了让燕皮不粘在台面上，也是为了让燕皮均匀地吸收水分，不至于软化过度；
3 用擀面杖捣肉是为了让肉馅更有劲更Q弹；
4 蒸好的肉燕要冷却后再煮才能保有好的外形和口感，热的肉燕直接煮会让表皮融烂，影响口感和外观；
5 蒸好的肉燕可以一次做多一些，吃不完的放入冰箱冷冻，要吃的时候随取随煮即可。

沙县拌面

在福建的众多城市中，唯有沙县，是以小吃名满天下的。人们最早对沙县这个地方并不熟悉，而现在越来越多的人知道沙县，这主要归功于如今开遍全中国的沙县小吃店。沙县小吃的品种繁多，逐一列举估计得二三百有余，其中大部分要用到海鲜和海洋鱼类，所以这里我只挑出了其中最具代表性，流传最广，也最简单易做的沙县拌面。

沙县拌面在当地，一般与沙县扁肉搭配成餐，具有香味浓、色泽鲜、原料简单、烹饪方式易掌握的特点。口味咸甜，油而不腻。

最初吃到沙县拌面的时候，有朋友说像是简化版的武汉热干面。哈哈，其实沙县拌面和武汉热干面有本质上的不同。武汉热干面用的是碱水圆面，而沙县拌面用是普通扁面；武汉热干面用的酱料是黑芝麻酱，而沙县拌面用的是花生酱；其他配菜就基本类似了，热干面一般配萝卜丁、咸菜或者酸豆角，其中最不可少的是蒜水，而沙县拌面没有蒜水，有时会加酸菜肉丝之类做搭配，但大部分时候是不加的，纯酱加香油等其他调料拌成，口味更单纯。

主料 鸡蛋面条 100 克（干）、清水适量

辅料 小葱 20 克、色拉油 15 克、花生酱 15 克、生抽两勺、甜辣酱 1 小勺、盐 1 小勺、鸡精适量、白胡椒粉适量

工具 汤锅、小煎锅、滤网筛、滤篮、筷子

分量 1 人份

1. 小葱分葱白和葱绿切碎；
2. 小煎锅倒入色拉油，大火烧热，关火，下入葱白，煸至出香；
3. 将葱油用滤网滤出，煸过的葱白弃之不用；
4. 小碗中加入花生酱，然后倒入葱油；
5. 将葱油与花生酱用小勺调和均匀，然后另一小碗内加入生抽、甜辣酱、盐、鸡精、白胡椒粉拌匀；
6. 干鸡蛋面条 100 克；
7. 汤锅注入适量清水，大火煮至沸腾，然后下入面条用筷子拨散；
8. 煮至再次沸腾后加少量冷水，再次煮沸后再加冷水，反复 3 次左右即可；
9. 将煮好的面条滤出；
10. 再倒入一大杯白开水冲洗一遍；
11. 最后将面条盛入盘中，倒上调料，表面撒上葱绿，吃时拌匀即可。

操作要点

1 有条件的话，用高汤煮面更好，没有的话用清水亦可；

2 煮面要开水下锅，大火煮沸并反复加入冷水，才能将面条煮得爽滑，冷水下锅或者小火慢炖会将面条煮烂；

3 煮好的面条滤出后如果不马上拌调料会很快粘连在一起，所以要加入适量白开水冲洗一遍，去除多余的淀粉质，面的口感才更爽滑。加入的白开水视气温来掌握温度，冬天可以是开水或者温开水，夏天可以稍凉一些。

山东枣饽饽

个人认为在山东所有的小吃中，面食是最具代表性的，而其中又以非常有民俗特色的枣饽饽最让人印象深刻。

所谓的枣饽饽，就是在半圆形的面饽饽上挑起数个面鼻，然后再插上切成条状的大枣肉。

枣饽饽有大小之分，一般的习俗是大枣饽饽和小枣饽饽都要各蒸八个。“八”，因为谐音“发”，历来被认为是吉祥数字。“枣”，则谐音“早”，迎合了人们凡事求早的心理，无论是早发家还是早生子，什么都要赶早，“早养儿女早得济”等俗语体现出人们传统的以早为上的理念。

在人们的心理上，饽饽蒸得越大越白，插的枣越多，越表明生活富足和用心虔诚，所以人们在春节做面食时，都尽量把饽饽蒸得大些、白些，枣也插得尽量多些。

大枣饽饽主要用来在除夕之夜祭天或祀祖所用，小枣饽饽则主要用于压箱柜，以祈求上天保佑来年丰衣足食。

现如今，传统的大枣饽饽早已退出了走亲串友的人们的礼包，但却还是山东人平时喜欢的主食，过年过节的时候总还是会蒸上一锅，以求来年好运吉祥。

主料 中筋面粉 250 克、牛奶 125 克、干酵母 2 克

辅料 红枣 20 颗、温水适量

工具 大碗、保鲜膜、蒸锅、筷子、油纸

分量 4 个

1. 面粉倒入大碗中；
2. 牛奶加热至 35～40℃，加入干酵母搅拌均匀，静置 5～10 分钟；
3. 将牛奶与酵母的混合溶液倒入面粉中；
4. 用一根筷子搅拌成絮状；
5. 然后用手揉成光滑的面团；
6. 放入大盆中，包上保鲜膜；
7. 置于温暖处（30℃左右）发酵至 2 倍大；
8. 发酵面团的同时，将红枣在温水中浸泡备用；
9. 将发酵好的面团取出排气重新揉圆，分割成 4 等分，滚圆；
10. 用双手小拇指对戳，戳出一个洞；
11. 然后塞进红枣，分别在四边和中间各塞 1 个；
12. 蒸格垫油纸，将枣饽饽生坯放入蒸锅中；
13. 盖上锅盖，开小火煮至锅盖上冒热气的时候关火，醒发 10 分钟左右，然后开大火，蒸 20～25 分钟；
14. 关火后再焖 5 分钟再开盖即可食用。

操作要点

1 面团一定要硬，硬面团才劲道好吃；

2 揉的过程一定要充分，好吃的馒头都是揉出来的，一般起码得手揉 20 分钟以上；

3 生坯入蒸锅时凉水小火加热，水出蒸汽后关火焖 10 分钟，是为了让生坯充分醒发，醒发的过程，有发酵的作用，馒头会在锅内进行二次发酵；

4 馒头做好后，一定要充分醒发，醒发时也要观察，馒头表皮被撑得光亮，低端有微微挣开的迹象，就说明已醒好，这个时候的馒头，不会轻易出现回塌现象；

5 关火后，不要急着开盖子，先焖它 5 分钟，防止回塌。

胶东巧果

在胶东的特色面食中，最有代表性的，除了枣饽饽，当属巧果无疑。

巧果也叫做“巧饽饽”，通常是用模子刻出来的，做成既可观赏又能食用的小面食。这东西多半都呈几何图形的，上面还有各种很精美的吉祥图案花纹。传统的做法是放入铁锅中烙熟以后，用红线绳加了秸草支撑着串起来，下头缀上一点彩色穗子。十几个巧果弄成一串，挂在墙壁间或者小孩的脖子上，做为装饰品或是零食。

据说吃了这样的巧果，孩子们就心灵手巧了。是否果真这样大概无所谓，重要的只不过是一种风俗吧！

胶东人做巧果，大部分是在每年的七夕，七夕节是我国传统的情人节，也叫“乞巧节”。不少女孩子会在每年的七夕制作性状各异的小点心，祈求姻缘美满，幸福一生，这种点心也被称为“巧果”，流传至今。

自己制作巧果，难的不是工艺，而是制作的专用模具并非广泛流通，以前只在胶东地区才有，不过好在如今有万能的淘宝，还是很容易能买到的。

主料 中筋面粉 250 克、牛奶 125 克、干酵母 2 克、细砂糖 25 克

工具 筷子、大碗、巧果模具、剪刀、烤箱、保鲜膜、刀、油纸

分量 40 个

1. 面粉与细砂糖倒入大碗中；
2. 牛奶加热至 35～40℃，加入干酵母搅拌均匀，静置 5～10 分钟；
3. 将牛奶与酵母的混合溶液倒入面粉中；
4. 用一根筷子搅拌成絮状；
5. 然后用手揉成光滑的面团；
6. 放入大盆中，包上保鲜膜；
7. 置于温暖处（30℃左右）发酵至 2 倍大；
8. 将发酵好的面团取出，重新揉圆后搓成长条状，分切成约 10 克一个的小剂子；
9. 巧果模具撒上少量干淀粉（分量外）；
10. 将小剂子放进模具里，用手指按压，并用剪刀剪去多余的面；
11. 最后使劲磕出来，一排小巧饼就做好了，剩余材料重复操作即可；烤盘垫油纸，将做好的巧果生坯整齐地码放在烤盘中，然后盖上干布醒发 15 分钟；
12. 烤箱预热，上下火 180℃，烤 10 分钟左右即可。

操作要点

1 首先发面一定要硬一点，不硬的话，卡模子不易操作，太软的面粘上去了，磕不出来，发面的时候加入牛奶和糖，做出的巧饼更好吃，喜欢的还可以打个鸡蛋，不过如果夏天制作，打了鸡蛋的不太好保存；

2 传统的巧饼是放在特制的大锅里烙出来的，不过一般人掌握不好火候和技巧，一不小心就做煳了，所以用烤箱来做更容易掌握温度和时间，不用来回不停翻转，省时省力；

3 做好的巧饼一定要自然晾干，完全凉透了才能密封保存，如果只是为了观赏看，可以涂上颜色，串成一串的，挂起来自然风干，风干后，放一年都不会坏。

周村烧饼

周村烧饼，因产于山东淄博周村而得名，是山东省的著名特产之一。以传统工艺精工制作而成，为纯手工制品，有“酥、香、薄、脆”四大特点。其外形圆而色黄，正面贴满芝麻仁，背面酥孔罗列，薄似杨叶，酥脆异常。入口一嚼即碎，香满口腹，若失手落地，则会皆成碎片，俗称“瓜拉叶子烧饼”。

周村烧饼制作历史悠久，至今已有1800多年。正宗的周村烧饼的制作，要经过配方、延展成型、着麻、贴饼、烘烤等多道工序，而配方、成型和烘烤则是制饼的关键。特别是烘烤的火候，非名师高手，很难达到“炉火纯青”的地步。所谓“三分案子七分火”、“火中求财”都是制饼师傅的多年经验。

自己在家做自然不可能像传统工艺那么讲究，但是用家用烤箱还是可以实现的，只不过一次烤的数量没那么多，需要分几次烤！有时间的时候，不妨多烘几炉，还是很有乐趣的。

主料 中筋面粉 250 克、水 125 克、盐 1 小勺

辅料 白芝麻适量

工具 筷子、大碗、擀面杖、平底烤盘、烤箱、毛刷、保鲜膜

分量 12 个

1. 面粉倒入大碗中；
2. 125 克水中加入 1 小勺盐，搅拌均匀；
3. 将盐水倒入面粉中；
4. 用一根筷子搅拌成絮状；
5. 然后用手揉成光滑的面团，盖上湿布或者保鲜膜，醒 30 分钟；
6. 将醒好的面团搓成长条状，分割成 12 等份，逐一搓圆；
7. 砧板撒上少量干淀粉（分量外），取一个小剂子用擀面杖擀开成薄薄的圆形面皮，剩余材料重复操作即可；
8. 烤盘刷水，放入两张面皮，然后表面再刷少量水；
9. 在饼皮表面均匀地撒上白芝麻；
10. 烤箱预热，上下火 180℃，烤 5 分钟左右即可。

操作要点

1 揉面要充分，面团的延展性才更好，才能擀出又薄又有韧性的面皮；

2 面团要醒发后才更柔软，更容易擀开而不回弹；

3 烤盘一定要纯平，如果不是不粘烤盘，请加垫锡纸；

4 每家烤箱温度不一，所以时间和温度可能不一致，放入烤箱后注意观察，面饼颜色变得带焦色即可取出。

四、广东小吃点心

在中国的各地小吃中，本人最喜欢的就是广东小吃。“吃在广州”这句话并不是白说的，广东的小吃点心最大的特色就是品种繁多、做工精细，而且因广东菜追求本味，大多数小吃的口味都非常清淡，不会出现过咸过辣的情况，即便是甜品也不会太甜，所以是大多数人都能接受的口味，也因而广受大众喜欢。在广东，小吃和点心是有区别的，小吃是专指那些街边小店经营的米、面小型食品，制作较简朴；点心是茶楼、早茶的品种，以及星级酒店的美点等，特点是花式品种较多、造型精细。

若要详列广东小吃，工程实在太浩大，因此本书只挑选出了以下几种，都是在广式茶楼和小店常见的品种，也是非常容易制作的。

广东肠粉

肠粉起源于广东，又叫布拉蒸肠粉，是一种米制品，亦称布拉肠、拉粉、卷粉、猪肠粉（因形似猪肠），因为早市销量大，多数店家又供不应求，人们常常是排队候吃，因此又被戏称为“抢粉”。在广东，肠粉是一种非常普遍的街坊美食，也是最为普遍的早餐，它价廉、美味，老少咸宜，从不起眼的食肆茶市，到五星级的高级酒店，几乎都有供应。

肠粉的粉皮白如雪花、薄如蝉翼、晶莹剔透，吃起来鲜香满口、细腻爽滑，还有一点点韧劲，让人一吃难忘，越吃越爱！

传统的粉皮制作工艺复杂，不同种类的米经过严格的配比，然后泡米磨浆过滤再蒸制，从米的种类，泡米的时间，加水的多少，滤浆的浓稠度到蒸制的工具和火候都有严格的讲究，好在现在有半成品的肠粉粉，只要按比例加水调浆，就能制作出肠粉，方便快捷。

正宗的肠粉是倒在纱布或者棉布上蒸的，但鉴于这种方法对于厨房新手来说不容易，他们很难掌握粉皮的薄厚和均匀度，所以这里我用比萨盘隔水蒸的方法来代替，更便于新手操作。

粉皮 肠粉粉 200 克、冷水 350 克

内馅 猪前夹肉 80 克、盐半小勺、鸡精少许、姜末少许、葱末少许、生粉 1 小勺、老抽少许、料酒 1 小勺、绿豆芽适量

味汁 生抽 2 勺、鲜味露半小勺、蚝油半小勺、糖少许、葱末适量、麻油 1 勺、纯净水 15 克

工具 9 寸比萨盘、炒锅、蒸锅、筷子

分量 10 个

1. 猪前夹肉剁成肉蓉；
2. 加入内馅材料中的盐、鸡精、姜末、葱末、生粉、老抽、料酒；
3. 拌匀腌制 15～20 分钟使其入味；
4. 取一大碗，将 200 克肠粉粉倒入大碗中；
5. 加入 350 克冷水；
6. 搅拌成均匀的粉浆；
7. 炒锅倒入大半锅水大火煮沸；
8. 倒适量粉浆入比萨盘内，以转动粉浆刚刚盖住盘底为宜；
9. 将比萨盘放入沸水中，使其浮在水面上；
10. 盖上锅盖蒸 1～2 分钟；
11. 看到粉浆颜色变透明后将盘取出；
12. 趁热迅速揭下粉皮，即成肠粉皮；
13. 将蒸好的肠粉皮中间零星放上少许肉末和绿豆芽；
14. 将肠粉皮左右向内折起后再卷成筒状；
15. 剩余材料重复以上步骤操作，然后将卷好的肠粉置于蒸格中；
16. 大火烧上汽后蒸 15 分钟左右；
17. 蒸肠粉的同时将味汁材料中所有调味料以及水混合均匀；
18. 最后将蒸好的肠粉装盘，淋上调好的味汁即可。

操作要点

1 比萨盘中倒入的粉浆不可过多，以免蒸出的粉皮过厚；
2 蒸的同时注意观察，粉浆鼓起大泡，颜色变得透明就可以取出；
3 揭粉皮的速度一定要够快，以免冷却后粘在比萨盘上取不下来；
4 肉馅不宜放得太多，放的时候用手揪成小片，否则肉馅不宜蒸熟。

云吞面

云吞面是广东地道小吃的一种。起源于广州，上世纪50年代在香港蓬勃兴起，至今云吞面依然甚得人心。据说此食品在唐宋时即已传入广东，至于广东何时用“云吞”二字取代馄饨之称，则无从考证。

虽然面食在广东并不是以主食的地位出现，但出奇的是大部分的广东人对云吞面有一种难以割舍的情怀。正宗的广式云吞面的吃法是有讲究的，不要以为几颗馄饨一把面加点汤就叫云吞面。正牌的云吞面需要“三讲”：一讲面。地道的面要从面粉加鸡蛋用竹竿压制而成，谓之“竹升面”，而且最讲究的应该一点水都不用，完全靠鸡蛋。这样做好的面煮出来带点韧度，吃到嘴里非常爽脆；二讲云吞。关键在于里面的馅，用新鲜的虾球，也是一口咬下“剥剥脆”；三讲汤。用柴鱼虾壳熬出来的汤既要有鲜味还要清，加味精是大忌。

自己制作竹升面当然不现实，不过好在现在能网购到干的竹升面条，所以只需自己包云吞就好。至于云吞，只要掌握馅料的配比，制作起来也并非难事。

柴鱼高汤 干柴鱼骨4根、瑶柱（干贝）30克、生姜5片、虾皮10克、清水2000克

云吞 馄饨皮100克、猪前夹肉100克、盐半小勺、鸡精少许、姜末少许、生粉1小勺、生抽少许、料酒1小勺、活虾仁100克

面 竹升细面50克

调料 盐适量、香油适量

工具 汤锅、滤网

分量 1人份

1. 将炖柴鱼高汤的所有材料倒入汤锅中；
2. 盖上锅盖，大火煮沸后转小火，炖 30 分钟；
3. 将煮好的汤汁过滤一遍，煮过的材料弃之不用，只留下清汤，即成柴鱼高汤；
4. 市售馄饨皮一包约 100 克；
5. 将猪前夹肉剁成肉蓉；
6. 加入云吞材料中的盐、鸡精、姜末、生粉、生抽、料酒等调料搅拌均匀；
7. 准备好新鲜剥出的虾仁 100 克，清洗干净；
8. 取一张馄饨皮，放少许肉馅，然后在中间放上一粒虾仁；
9. 将馄饨皮先错角对折然后再左右对折包起；
10. 剩余材料重复操作即可，配方中的用料可包 60 个左右的馄饨，一次可以多包一点，吃不完的放入冰箱冰冻，下次想吃时直接拿出来煮即可；
11. 竹升细面一卷约 50 克；
12. 汤锅中注入适量清水，煮沸后下入竹升面拨散，煮至再次沸腾后再煮 1 分钟关火；
13. 将煮好的面条滤出备用；
14. 汤锅中倒入柴鱼高汤，煮沸后下入 6～7 颗包好的云吞，煮至再次沸腾时再煮约 1 分钟关火；
15. 将煮好的云吞捞出；
16. 将锅内的高汤盛入汤碗中，如果味道偏淡可加少量盐调味，如果味道够浓可不用加盐；
17. 将煮好的面条和云吞加入高汤中，最后淋少量香油即可。

操作要点

1 柴鱼即晒干的鳕鱼，柴鱼骨即为鳕鱼干中的鱼骨部分；

2 竹升面很细，所以不宜久煮，也不用加冷水反复煮，一般煮至再次沸腾再稍煮一小会即可，否则会失去爽脆的口感；

3 云吞也是如此，云吞的皮很薄，同样不宜久煮；

4 港式云吞面的做法，也有些会不淋香油，改淋炸过葱的葱油，然后再撒些生葱。

泮塘马蹄糕

马蹄糕是一种广东小吃。以糖水拌合荸荠粉蒸制而成。荸荠，粤语别称马蹄，故名马蹄糕。其色茶黄，呈半透明，可折而不裂，撅而不断，软、滑、爽、韧兼备，味极香甜。广州的众多酒家小店都有售卖这种便宜实惠的小吃，其中又以“泮溪酒家”的最为有名。因泮溪酒家地处泮塘，历史上以泮塘产的马蹄粉蒸制的马蹄糕为最好。其色美、晶莹、透明、爽滑、清甜，是广州人喜爱的早点之一。泮塘所产的马蹄粉，粉质细腻、结晶体大、味道香甜，可以做成多种点心、小吃。以它做成的马蹄糕，是泮溪酒家的传统名食，四季皆宜。

如今的人们想吃正宗的泮溏马蹄糕，不用跑到广东那么远，网上可以很方便地买到正宗的泮溏马蹄粉，只要按说明书调制浆汁，很容易就能做出正宗的泮溏马蹄糕。

材料 马蹄粉 125 克、广东片糖 125 克、清水 500 克

工具 汤锅、滤网、蒸锅、方形玻璃碗、小勺

分量 20 片

1. 泮溏马蹄粉一盒；
2. 取 125 克马蹄粉倒入大碗中；
3. 加入 200 克清水搅拌均匀，调成生粉浆；
4. 用滤网将粉浆过滤一遍，比较粗的未能完全溶化的颗粒，用勺背在滤网上碾压打圈，直至均匀滤下；
5. 汤锅中倒入 300 克清水，加入 125 克广东片糖；
6. 置于火上大火煮沸，直至片糖完全融化后关火；
7. 取 75 克生浆缓缓加入滚烫的糖汁中，一边慢慢加一边迅速搅拌均匀，即成熟浆；
8. 搅拌好的熟浆颜色呈焦糖奶油状；
9. 用小勺勺起呈现光滑均匀，非常浓稠的状态即为搅拌完成；
10. 然后再将剩余的生浆倒入熟浆中搅拌均匀；
11. 然后将溶液倒入方形玻璃碗中，置于蒸格上；
12. 盖上锅盖，大火蒸 20 分钟左右；
13. 开盖晾凉后切片即可食用。

操作要点

1 取少量生浆倒入滚烫的糖汁中，是利用糖汁的高温迅速让生浆冲熟，这个过程中生浆中的淀粉质遇热会迅速膨胀，所以加的时候要注意，一边缓缓加入一边快速搅拌，否则生浆会凝结成团；

2 生熟浆互冲的方法是为了更好地混合凝固，如果一次性将所有生浆冲入糖汁中，它会迅速凝结成过干的面糊，甚至凝固成块，就不细腻光滑了；

3 蒸好的马蹄糕可以切块后用油煎成两面微黄食用，夏天也可冷藏后切成小粒拌椰浆鲜奶等食用，广西的吃法还有沾上熟黄豆粉的，所以选择怎么吃就随个人喜好啦！

双皮奶

双皮奶是广东顺德地区非常有名的地方代表性小吃。双皮奶，顾名思义，含双皮之奶也。

双皮奶的起源，最早为清末，当时双皮奶的创始人——董洁文与其父董孝华在顺德大良白石村以养牛为生，并跟着父亲做牛乳。大良附近多土阜山丘，水草茂盛，所养的本地水牛，产奶虽少，但质量高，水分少，油脂大，特别香浓。故大良水牛奶极受欢迎，水牛养殖业一直十分繁荣。但是当时没有电冰箱，董父常为牛奶保存绞尽脑汁。有一次，董父试着将牛奶煮沸后保存，却意外地发现牛奶冷却后表面会结成一层薄衣，尝一口，居然无比软滑甘香！从此董家的人都迷上了这种多了一层“皮”的牛奶，一试再试，制成了最初的双皮奶。

如今董家所创品牌“仁信”双皮奶名扬海内外，很多人去到顺德都会慕名去吃一碗招牌的双皮奶。仁信的产品种类也由原来的仅有双皮奶、鲜牛奶、炖鸡蛋等不到 10 个品种发展到如今有各种冰激凌、西果制品等冷热饮不下 100 种。

不能去到仁信吃双皮奶的，也可以在家做，只不过正宗水牛奶难买到，网购到的也不怎么新鲜，所以我选用水牛奶代替，做出来的口感也很相近。

材料 水牛奶400克、蛋清50克、白砂糖20克、蜜红豆适量

工具 小汤锅、滤网、蒸锅、小碗、保鲜膜、微波炉

分量 2人份

1. 400克水牛奶倒入小汤锅中，加入20克白砂糖搅拌均匀；
2. 然后将牛奶分别倒入两个小碗中，放入微波炉高火叮1分钟；
3. 将加热后的牛奶放凉，一两分钟后表面即可结出一层奶皮；
4. 用竹签或者牙签沿奶皮边缘挑破；
5. 然后将牛奶倒入奶锅中；
6. 将奶皮留在碗中；
7. 50克蛋清打散；
8. 加入牛奶中搅拌均匀；
9. 然后将牛奶与蛋清的混合溶液过滤一遍，滤出打不散的蛋清；
10. 将溶液再次倒入小碗中，使奶皮浮起，然后将小碗包上保鲜膜，放入已经烧上汽的蒸锅；
11. 盖上锅盖，大火蒸20分钟左右；
12. 取出后加上蜜红豆即可食用。

操作要点

1 用微波炉叮比用蒸锅蒸更容易结出奶皮；

2 蒸牛奶的时候一定要包上保鲜膜或者给小碗单独盖上盖子，这样蒸出来的双皮奶表面才光滑，凝固性才更好；

3 除了蜜红豆，也可随个人喜好加入各种水果和干果等；

4 水牛奶买不到，可以用全脂牛奶代替，但一定要是鲜奶，不能用奶粉冲泡的牛奶，只有鲜奶才能结出奶皮。

糖不甩

糖不甩是广东著名小吃之一，以糯米粉制作成汤圆，加入姜汁红糖水中煮滚，最后捞起撒上炒香的花生碎等配料即成，口感酥滑香甜、醒胃而不腻、味香四溢、老少咸宜。

而在广东的东坑、茶山、横沥各镇的“埔田片”一带，“糖不甩”跟男女姻缘有密切的关系。旧时男婚女嫁还比较保守，更谈不上自由恋爱了。每当媒婆带后生仔到女家“相睇”，如果女方家长同意这门亲事，便煮“糖不甩”招呼男方。男方看到端上桌上的是“糖不甩”，知道这门亲事“甩”不了了，于是大功告成，大碗“糖不甩”便越吃越香，吃完一碗再添一碗，表明愿意好事成双。如果女方不同意这门亲事，则煮打散鸡蛋的腐竹糖水，男方看到台上摆的是碗打散鸡蛋的腐竹糖水，知道这门亲事“散”了，明白要知趣一点，以后不能再纠缠，这时“腐竹糖水”虽甜在嘴巴，却苦在心上，匆匆喝上一口，便告辞而去。

如今的“糖不甩”不知道是否还具备这样的功能，不过这款经典的甜品已经深入到广东人的骨血中，无论在哪一家甜品店，都可以见到它的身影，这也是外地游客必点的广式甜点之一。糖不甩已经成为了广式甜品的代表名词之一，逐渐为各地的人们所熟知。

我上次去广州的时候，就一直对这个“糖不甩”念念不忘。虽然这看似就是把汤圆馅撒到了汤圆外面的另一种汤圆，但我不得不说，这种做法把汤圆的口感升级到了另一种境界，姜糖汁与花生芝麻糖酥的结合，是一种无与伦比的美妙搭配，这一点上，不得不钦佩广东人的智慧。

主料 糯米粉110克、水90克

辅料 酒鬼花生20克、白芝麻5克、椰蓉5克、白砂糖适量

糖汁 广东片糖50克、生姜3～5片、水100克

工具 汤锅、擀面杖、橡皮刮刀、炒锅、砂锅

分量 12个

1. 将110克糯米粉置于一大碗中；
2. 加入90克清水；
3. 用橡皮刮刀拌匀成团；
4. 分成20克一个的小剂子，逐一搓成汤圆状；
5. 汤锅注入适量清水，煮至沸腾；
6. 下入汤圆，煮至再次沸腾时转小火，加入少量冷水，再次沸腾后再加水，反复3～5次；
7. 至汤圆完全浮起时关火；
8. 将煮好的汤圆捞出浸泡于冷水中；
9. 广东片糖一袋；
10. 取一小锅，倒入100克水，加入50克片糖和3～5片生姜；
11. 煮至沸腾糖，完全融化；
12. 然后将浸泡在冷水中的汤圆捞出下入锅中，煮3～5分钟后关火；
13. 酒鬼花生装入袋中，用擀面杖碾碎；
14. 炒锅烧热转小火，下入碾碎的花生碎，再加入白芝麻，干炒出香；
15. 盛入小碗中，趁热加入椰蓉和白砂糖，混合均匀；
16. 将煮好的汤圆捞出置于盘中，浇少量锅中的糖汁，表面再撒上花生芝麻椰蓉碎的混合物即可。

操作要点

1 煮汤圆要反复多次沸腾后加入冷水再煮，汤圆才能熟透心，同时表皮不至于因加热过度而软烂；

2 煮好的汤圆浸泡于冷水中可去除糯米的黏性，也可防止热的汤圆之间相互粘连，浸泡冷水可使汤圆表面更清爽，口感更Q弹；

3 没有广东片糖的，可用黄糖代替，也可用红糖10克加40克白糖混合代替，只是口感没有片糖好。

虾饺

粤式点心虾饺是广式茶楼的代表点心，粤点“四大天王”之首（与干蒸烧卖、叉烧包、蛋挞同誉）。虾饺起源于上世纪20年代后期的广州河南（现海珠区）五凤村，该村一河双岸，风景优美，所以游客众多，捕鱼业也很发达。当地人在岸边捕到鲜虾后剥其肉以粉裹而蒸之，其汁液不外流且极鲜美，久而久之，名声鹊起而风行于市，并引进到茶楼食肆，经不断改良，形状由角形改成梳子形，细摺封，每只不少于十二摺呈弯梳状，美观得体，成为南粤名点。

后来，虾饺皮由米粉改为澄面（小麦淀粉），用大滚水熨熟而成，馅的原料也有了改进，即用合理比例，以鲜虾肉、熟虾肉、脊肥肉头（用大热水熨过，去油增加口感），脱水鲜竹笋尖，猪油加味料组成，以旺火蒸之，达到晶莹通透，馅心红白双映生辉，百食不厌而回味无穷成粤点之首。

自己制作虾饺，难的是皮的包制，如果掌握不好皮的配比和软硬干稀程度，是很容易失败的，所以这里我给出了详尽的制作配方和制作要点，只要掌握这些，做虾饺也不再是难事。

饺皮 澄粉70克、玉米淀粉30克、猪油15克、水180克

内馅 鲜虾仁200克、肥猪肉75克、冬笋50克、胡萝卜50克、盐1勺、蛋清20克、玉米淀粉15克、鸡精半小勺

工具 小汤锅、滤网、蒸锅、橡皮刮刀、擀面杖

分量 约20个

1. 鲜虾仁洗净滤干水分备用；
2. 取一半剁成虾泥；
3. 另将内馅材料中的肥猪肉剁成肉末，胡萝卜和冬笋也分别剁碎；
4. 将肥猪肉在沸水中抄熟，去除多余油脂；
5. 然后将虾泥、肥猪肉、笋丁、胡萝卜丁倒入大

碗中，加入 1 勺盐、半小勺鸡精、15 克玉米淀粉和 20 克蛋清；

6 搅拌均匀后反复搅打上劲即成内馅；

7 饺皮材料中的澄粉与玉米淀粉混合；

8 汤锅中倒入 180 克水，加入 15 克猪油煮至沸腾；

9 然后将两种粉倒入锅中，用橡皮刮刀快速打圈翻拌均匀；

10 然后揉成光滑的粉团；

11 将揉好的粉团置于已经烧上汽关火的蒸锅保温；

12 然后揪一小块面团约 15 克搓圆；

13 用擀面杖擀开成圆形面皮；

14 取适量虾馅置于面皮上，然后中间放上一整粒的虾仁；

15 包起收口打折包成饺子状，剩余材料重复操作即可；

16 将包好的虾饺放入已经烧上汽的蒸锅；

17 大火蒸 15～20 分钟即可。

操作要点

1 将干粉与开水混合有两种方法，一种是将粉类直接倒入开水盆中快速搅拌，这个需要手脚快，稍不注意可能会有些面粉没有烫熟，出现颗粒状的生粉，所以如果觉得不好掌握的，就将开水一点点地加入面粉盆中，一边加一边搅拌，边边角角的都要烫到，这样比较不容易出现干粉，但水量容易加得过多，干稀适中很重要，这一点需自己把握；

2 粉团中加入猪油一起揉，可以让粉团更柔软更具延展性，也可防止粉团过快干硬，从而导致包皮的时候容易破皮，不易于操作；

3 虾饼皮最好即擀即包，用多少取多少，不用的粉团要放入蒸锅保温，不能一次性分切擀皮，因为澄粉做的面皮如果不保温很容易干硬，如果一次性做得太多，包制的时候会很难操作，不易捏合，也容易破皮；

4 虾饺要即包即蒸，一般 4～8 个就蒸一锅，蒸上一锅的时间，就把下一锅的包好了，这样虾饺搁置的时间最短。

奶黄包

去广式茶楼吃早晚茶，一般除了虾饺，还有一道必点的菜式，那就是奶黄包。

奶黄包的制作工艺并不复杂，黄油加蛋黄加糖制作成馅，包上普通的发酵面皮，蒸熟即可。重点在馅料的制作，好的奶黄馅，配方比例和制作手法是相当讲究的。

广州最著名的老字号茶楼中，“陶陶居”的奶黄包最负盛名，新鲜出炉的每天都供不应求，本地人一般也喜欢在楼下买包装好的，带回家回锅蒸蒸就好。

说起“陶陶居”，在广州可谓是无人不知无人不晓了，它是广州最老字号的茶楼之一，创办时间可追溯到清光绪年间，原址在广州西关第十甫。不在广州的，吃不到陶陶居的奶黄包，那就自己试着做做吧！其实也不难滴！

面　皮　中筋面粉 250 克、牛奶 125 克、干酵母 2 克

奶黄馅　黄油 40 克、糖粉 75 克、鸡蛋 80 克、奶粉 25 克、吉士粉 10 克、澄粉 10 克

工　具　小汤锅、筛网、蒸锅、橡皮刮刀、打蛋器、擀面杖、面包机、保鲜膜

分　量　约 16 个

1. 黄油置室温软化；
2. 用打蛋器低速搅打至顺滑；
3. 加入糖粉搅打至微微发白；
4. 分两三次加入打散的鸡蛋，搅打均匀；
5. 奶粉、吉士粉、澄粉混合过筛，加入盆中；
6. 用橡皮刮刀拌成均匀的面糊；
7. 将面糊上蒸锅蒸 30 分钟左右，其中每间隔 10 分钟取出一次，用打蛋器搅散后再上锅蒸；
8. 蒸好后趁热搅散，然后用橡皮刮刀翻压至光滑平整，包上保鲜膜，放入冰箱冷藏，即成奶黄馅；
9. 将面皮材料中的中筋面粉、牛奶、酵母置于面包机中，选择和面程序，搅打 25～30 分钟；
10. 将打好的面团取出，揉成光滑滚圆；
11. 将面团置于大盆中，包上保鲜膜；
12. 置于温暖处（30℃左右）发酵至 2 倍大；
13. 将发酵好的面团排气重新揉匀，分成约 20 克一个的小剂子，逐一搓圆；
14. 取一个小剂子，擀开成圆形面皮，中间放上 25 克搓圆的奶黄馅；
15. 然后包起收口滚圆，收口朝下；
16. 剩余材料重复操作，然后将包好的包子生坯放入已经烧上汽后关火的蒸锅中；
17. 盖上盖子，用蒸汽醒发 10～15 分钟，然后开大火蒸 15～20 分钟，关火后不开盖，再虚蒸 5 分钟即可。

操作要点

1 黄油要软化到可轻松插入一根筷子的程度，如果冬天室温过低可将黄油用微波炉加热 20～30 秒让其快速软化；

2 奶黄馅蒸制的过程中要拿出来搅拌两三次，以便熟得更均匀；

3 没有面包机的可以用手工揉面；

4 发酵面团夏天室温即可，冬天可放入烤箱或者已经烧上汽关火的蒸锅；

5 蒸包子之前用蒸汽醒发可利于面团发酵，关火后虚蒸几分钟可防止面团塌陷。

糯米鸡

糯米鸡也是广式茶楼的代表点心之一。制法是在糯米里面放入鸡肉、叉烧肉、咸蛋黄、冬菇等馅料。然后以荷叶包实蒸熟即可。

关于糯米鸡的起源，相传最早是来自新中国成立前广州的夜市，最初是以碗盖着蒸熟而成，后来小贩为方便肩挑出售，改为以荷叶包裹。旧时糯米鸡以糯米、瑶柱、虾干粒或去骨的鸡翅等做馅料精制而成。传统的糯米鸡的分量较大，足有三四两米，吃一份糯米鸡已差不多是半顿饭量。因此，1980 年后广东酒楼推出了材料相同而体积小一半的“珍珠鸡”，深受顾客喜爱。

自己在家制作糯米鸡，最大的好处是分量和馅料的选择可以根据个人喜好来自由调节，制作方法也和糯米饭很类似，操作起来并不难，自己做是很容易实现的。

主料 糯米 150 克、水适量、鸡脯肉 50 克、水发香菇 30 克、瑶柱（干贝）15 克、板栗仁 30 克、荷叶 2 片、咸蛋黄 2 个

辅料 盐 1 勺、鸡精适量、白胡椒粉适量、生粉 3 克、老抽半小勺、蚝油 1 小勺、色拉油 50 克

工具 炒锅、蒸锅、滤网

分量 2 份

1. 糯米淘洗干净，用约两倍的清水浸泡 6 小时以上；
2. 鸡脯肉切小丁，加入半勺盐、少量鸡精和白胡椒粉，3 克生粉和少量水拌匀，腌 1 个小时；
3. 水发香菇切碎；
4. 瑶柱用温水浸泡 10 分钟后滤出备用；
5. 炒锅倒入色拉油，大火烧热后下入鸡脯肉扒熟；
6. 然后下入香菇、瑶柱，加入半勺盐、半小勺老抽、1 小勺蚝油，少量鸡精和白胡椒粉，加少量水翻炒均匀后收汁至浓稠；
7. 将炒好的馅料盛入小碗内备用；
8. 板栗仁煮熟备用；
9. 咸蛋煮熟剥出蛋黄备用；
10. 将泡好的糯米滤出；
11. 荷叶平铺；
12. 将中间放入适量糯米；
13. 然后加入 1 大勺炒过的馅料，再放上适量板栗与一粒咸蛋黄；
14. 再在表面盖上适量糯米；
15. 然后将荷叶包起，收口朝下；
16. 另一份用同样方法做好，放入蒸锅；
17. 盖上锅盖，大火烧上汽后转小火，蒸 30 分钟左右即可。

操作要点

1 糯米一定要事先长时间浸泡，才能更好地吸收水分，这样蒸制的时候才更容易熟烂；

2 传统的做法其实是用到咸肉、叉烧或者腌制过的熏鸡肉，也有用去骨鸡翅的，没有这些食材的，可用鸡脯肉，只是鸡脯肉腌制的时间要长一些，否则不够入味；

3 这里用到的荷叶，新鲜的和干荷叶均可。

流沙包

流沙包是广东人非常喜欢的一道茶楼点心。所谓流沙，是将打散的咸蛋黄与黄油、面粉等制作成馅，蒸熟后黄油融化，内馅会呈液体状流出，因为加了咸蛋黄，流出的液体是金黄色且口感带沙，所以被称为“流沙包”。

流沙包与奶黄包相比，一个是口感香甜，奶香味浓，一个是甜中带咸，回味无穷，所以两款都是广式茶楼中非常受欢迎，也非常经典的点心。

自己制作流沙包，重点在于馅料，黄油、牛奶等液体和咸蛋黄、面粉等干粉的比例要适中，太干出不了流沙，太稀无法成形，尤其要在制成馅后将半液态的馅料冷藏至凝固，才能更好地包制面皮，最后才能制出有真正流沙的流沙包。

面　皮　中筋面粉 250 克、牛奶 125 克、干酵母 2 克

流沙馅　黄油 70 克、糖粉 45 克、咸蛋黄 4 个、牛奶 30 克

工　具　打蛋器、滤网筛、蒸锅、擀面杖、面包机、保鲜膜

分　量　约 16 个

1. 咸蛋煮熟剥出蛋黄；
2. 用勺背碾压成泥；
3. 加入 30 克牛奶；
4. 搅拌成蛋黄糊；
5. 里面有不均匀的颗粒，可将蛋黄糊用网筛过滤一遍，不停用勺背打圈碾压即可得到光滑细腻的蛋黄糊；
6. 黄油室温软化，加入糖粉；
7. 用打蛋器搅打均匀至微微发白；
8. 将过滤后的蛋黄糊加入黄油中；
9. 再次搅拌均匀即成流沙馅，将馅料包上保鲜膜送入冰箱冷藏备用；
10. 将面皮材料中的中筋面粉、牛奶、酵母置于面包机中，选择和面程序，搅打 25～30 分钟；
11. 将打好的面团取出，揉到光滑滚圆为止；
12. 将面团置于大盆中，包上保鲜膜；
13. 置于温暖处（30℃左右）发酵至 2 倍大；
14. 将发酵好的面团排气重新揉匀，分成约 20 克一个的小剂子，逐一搓圆；
15. 取一个小剂子，擀开成圆形面皮；
16. 中间放上 30 克左右的流沙馅；
17. 然后包起收口滚圆，收口朝下；
18. 剩余材料重复操作，然后将包好的包子生坯放入已经烧上汽后关火的蒸锅中；
19. 盖上盖子，用蒸汽醒发 10～15 分钟，然后开大火蒸 15～20 分钟，关火后不开盖，再虚蒸 5 分钟即可。

操作要点

1 黄油要软化到可轻松插入一根筷子的程度，如果冬天室温过低可将黄油用微波炉加热 20～30 秒让其快速软化；

2 流沙馅制作好之后要放入冰箱冷藏至黄油凝固后才可包馅，否则馅料水分太多，太软，不容易操作；

3 没有面包机的可以用手工揉面；

4 发酵面团夏天室温即可，冬天可放入烤箱或者已经烧上汽关火的蒸锅；

5 蒸包子之前用蒸汽醒发可利于面团发酵，关火后虚蒸几分钟可防止面团塌陷。

五、经典港澳小吃

香港的小吃，其实很多是和广东小吃相重的，我在这里就不再重复列举，只选出了几种在香港流传更普遍，也更具香港市民生活氛围的小吃。香港因为受英国文化的影响较大，很多小吃点心都偏向西点，所以这一篇里面更多的是茶点等，并不像传统意义上的小吃。

至于澳门小吃，其实和香港的小吃也差不多，甚至很多都相同，所以我也只挑出了最有代表性的葡式蛋挞和葡国鸡饭。

港式丝袜奶茶

港式丝袜奶茶往往是港式茶餐厅的活招牌，奶茶做得够不够水准，直接决定着一家茶餐厅的生意好坏。一杯好的丝袜奶茶，冲得香，撞得滑，茶瘦奶肥，茶味和奶味都清晰可分，但两种味道又配合得天衣无缝，一口喝下去，能让心浮气躁的人马上静下心。

首先说明，丝袜奶茶并不是用丝袜做的，而是用很细的白棉布缝制的茶袋制作，大小跟拉茶用的不锈钢茶壶匹配。因为一般茶餐厅冲茶用的茶袋是长期使用的，不会经常更换，时间久了，经过红茶的不断浸泡，白布变成茶褐色，有点像过去用的厚丝袜，才得此称呼。由于奶茶是茶餐厅的招牌，所以家家都有独门配方。做奶茶用的茶叶，不是用单一的红茶，是用四五种不同品种的茶叶混合而成，用哪种品牌或茶叶的粗细程度，比例如何，有些是属于秘方，并不外传。

专业的港式茶餐厅会有师傅专职负责拉茶，水的温度、拉茶的手法和次数、奶和糖的比例等都有自己的一套绝活，一般人学不来。

自己在家做丝袜奶茶，学不来人家的秘方，可以在网上购买半成品的拼配茶粉，有精力和时间的可以学学自个用细棉布拉茶，没有那个功夫的，也可以就用咖啡机来煮，加上淡奶和糖就成一杯香滑的奶茶，奶的多少和糖的多少则根据自己口味来调节了。

材料 拼配红茶粉 15 克、水 200 毫升、全脂淡奶 40 毫升、白砂糖 15 克

工具 咖啡机

分量 1 杯

1. 咖啡机中注入 200 毫升清水；
2. 咖啡机自带的滤勺中加入 15 克红茶粉；
3. 盖上咖啡机盖子，将操作键打开，约 1 分钟后滤出一杯红茶；
4. 趁热在红茶中加入 15 克糖搅拌均匀；
5. 然后冲入 40 毫升淡奶搅拌均匀即可。

1

2

3

4

5

操作要点

1 红茶粉只有拼配茶，口感才更好，没有的也可用一般的锡兰红茶粉代替；

2 没有咖啡机的可以用奶锅或者汤锅煮，然后用滤纸或纱布滤出茶渣，只不过茶粉的颗粒很细，需用非常密的纱布，而且要多垫几层，否则很难滤干净；

3 想要少一些热量，也可用植脂淡奶代替全脂淡奶，不过植脂淡奶含反式脂肪，不建议使用，另外也不要用牛奶来代替淡奶，因为牛奶中不含奶油，无法做出奶茶那种香醇浓滑的口感。

港式菠萝包

菠萝包是发源于香港的一种甜味面包，这种面包从里到外都没有菠萝的成分，只是因为其表面的酥皮形似菠萝的外皮而得此称号。港式菠萝油，是从传统菠萝包派生出的香港独有的一种吃法。那就是在刚出炉热热的菠萝包中间划一刀，夹上薄薄一片冰冻的咸味黄油，然后利用面包的温度，将黄油慢慢融化，这样甜与咸，酥香的菠萝皮与浓郁的奶油馅结合，会带来无比美妙的口感和享受。但是这样一小块菠萝油，热量却非常高，所以三高和肥胖症患者要慎食。

不过但凡是热量高的东西，一般都会有极其香浓的口感，所以也是大多数人的心头之爱。在香港，菠萝油尤其被偏爱，是香港最普遍的面包之一，差不多每一间香港的饼店（面包店）都有售卖，而不少茶餐厅与冰室亦有供应。一般作为早餐或点心食用居多，大多数香港人喜欢在早茶或者下午茶时，点一份菠萝油配奶茶或者咖啡消磨闲暇的时光，这也是香港人最喜欢最惬意的一种生活状态。

如今家庭烘焙甚为流行，菠萝包这种甜点，也是很多人喜欢在家做的面包之一，如果你对烘焙也有兴趣，那就来试试这道美味的菠萝包吧！

菠萝皮 无盐黄油 45 克、糖粉 40 克、蛋黄 1 个、奶粉 10 克、低筋面粉 70 克、泡打粉 1 克

面包面团 高筋面粉 170 克、低筋面粉 30 克、牛奶 100 克、蛋黄 1 个、细砂糖 40 克、盐 1/8 小勺、干酵母 2 克、无盐黄油 25 克

表面刷液 全蛋液适量

夹馅 有盐黄油适量

工具 厨师机、烤箱、擀面杖、保鲜膜、保鲜袋、打蛋器、橡皮刮刀、面粉筛、毛刷、刀

分量 9 个

1. 黄油置于大碗中，室温软化后，加入糖粉；
2. 用打蛋器搅打成发白的糊状；
3. 蛋黄打散；
4. 分 2～3 次加入黄油糊中，每加一次都要充分搅打均匀后再加二次蛋液，如果一次性加入蛋液过多，会造成黄油糊和蛋糊无法充分混合均匀以致水油分离；
5. 将黄油和蛋液充分搅打成为均匀的糊状；
6. 低筋面粉、奶粉、泡打粉混合过筛，筛入黄油蛋糊中；
7. 用橡皮刮刀翻拌至均匀无干粉的状态；
8. 包上保鲜膜送入冰箱冷藏 30 分钟以上，即成为菠萝酥皮材料；
9. 面团材料中除黄油外所有材料倒入搅拌桶中；
10. 启动厨师机低档 2～3 搅打 2 分钟后，再换中档 5～6 搅打 4 分钟，此时面团已经充分混合均匀，桶壁已经变得光滑；
11. 取一小块面团，慢慢撑开可以拉出比较厚的膜；

12 此时即可加入切碎的软化无盐黄油；

13 再次开启厨师机，低档2～3搅打2分钟后，再换高档8搅打5分钟，此时面团已经搅打得非常光滑均匀；

14 取一小块面团慢慢撑开，可以拉出透光的薄膜，不太容易撑破，撑破后破口边缘不光滑，此时面团已搅打至扩展阶段，可以做面包了，没有达到这个状态请继续搅打；

15 将面团取出滚圆放入大盆中，包上保鲜膜，置于温暖处（30℃左右）发酵；

16 待面团发酵至2倍大时，将面团取出；

17 排气重新揉圆，分割成9等份，逐一滚圆，收口朝下，盖上保鲜膜或者湿布醒发10分钟；

18 取20克菠萝酥皮材料，搓成圆球，放在保鲜袋上；

19 然后表面再盖上一层保鲜袋，按扁后用擀面杖擀开成直径约10厘米的圆片；

20 撕去表层保鲜袋，取一个面包面团放入中心，注意面团收口朝上；

21 将酥皮包起包住面团然后撕去反面保鲜袋，再用掌心轻轻包拢揉匀使酥皮紧密贴合在面团表面；

22 重复步骤操作剩余面团和材料，将整形好的面团收口朝下，菠萝皮在上，整齐地码放在已垫烤纸或者锡纸的烤盘上，中间留出均匀的间隙；

23 室温发酵至面团1.5倍大，此时菠萝酥皮已经自然开裂出均匀的裂纹，在面团表面均匀地刷上一层全蛋液；

24 烤箱预热，上火170℃，下火150℃，烤15分钟左右；

25 将烤好的面包取出；

26 趁热横切一小口，再塞入一小片冷藏过的有盐黄油即可。

操作要点

1 菠萝皮材料需冷藏后才能充分延展，待黄油凝固状态下才最好操作；

2 上下两层夹保鲜袋是为了防止黄油面团因室温过高或手心温度，变得过软和粘连，夹上保鲜袋会使接触面更光滑平整，也更便于整形操作；

3 菠萝皮要擀开至比面团大两圈的直径才能充分包裹住面团；

4 包入菠萝皮时面团收口要朝上，这样才能在翻过来二发时面团收口朝下，二发过后的面团也才更圆润饱满；

5 菠萝包的二发不用进烤箱也不用加水加湿，室温二发即可，但室温低于10℃的时候仍需送进烤箱发酵；

6 最后出炉的菠萝包要趁热切开，夹入冷藏过的有盐黄油，记住是有盐的哦，这样口感才正宗，黄油的片切得稍薄一些更易于融化。

芒果班戟

香港的很多甜品的名称，初听到的时候都让人感觉很怪异，比方说“西多士”、“杨枝甘露”、“菠萝油”、“芒果班戟”……这些名字的来源，要么是音译，要么是形解，要么是本土方言，所以让内地人听起来感觉不怎么好懂。

我第一次听到“芒果班戟”这个名字的时候就是这种感觉，一直纠结它为啥要叫“班戟”？难不成那四四方方的形状像冷兵器时代的“四方戟”？后来才明白，“班戟”是英文 pancake 的音译词，意思是——煎饼，热饼，薄烤饼，松饼。

不论中式西式，煎饼都是一款简单快手的美食。最简单的打俩鸡蛋加盐或加糖搅巴搅巴下锅一摊就成，复杂点的就加点面粉、蔬菜、水果或者其他的什么，西式的煎饼还喜欢加入黄油，或者可可粉、抹茶粉之类的粉类上色或者调味。

芒果班戟算是普通煎饼的升级版，加入芒果和奶油做馅，冷藏后切开食用，是非常有特色的一道港式甜点。

蛋皮 鸡蛋 2 个、牛奶 200 毫升、白砂糖 30 克、低筋面粉 60 克、无盐黄油 15 克

内馅 鲜奶油 100 克、大芒果 3 个

工具 打蛋器、小平底煎锅、筛网、橡皮刮刀、打蛋盆

分量 12 个

1. 鸡蛋加白砂糖打散；
2. 将蛋汁用筛网过滤一遍，滤出打不散的蛋清；
3. 然后加入牛奶搅拌均匀；
4. 再筛入低筋面粉；
5. 用橡皮刮刀拌成均匀的面糊；
6. 黄油微波融化后倒入面糊中；
7. 再次搅拌均匀；
8. 取一个直径约 15 毫升的平底不粘煎锅，锅底刷少量黄油（分量外），大火烧至八成热时转小火，倒适量面糊入锅中，旋转锅柄使面糊均匀流动盖住锅底，待面糊颜色变深，表面开始鼓泡，即表示蛋皮已经摊熟；
9. 将蛋皮倒扣出晾凉；
10. 剩余材料重复以上操作即可；
11. 将芒果去皮去核切成方形大块；
12. 鲜奶油用打蛋器搅打至硬性发泡，即可以拉出竖立不倒的奶油尖的状态；
13. 取一块蛋皮，中间放上一勺打发鲜奶油，然后在奶油中放一块芒果；
14. 然后再在芒果表面加一勺鲜奶油；
15. 将蛋皮向中间折起，周边抹上适量鲜奶油使蛋皮更易于粘连；
16. 然后再左右对折后向下卷起；
17. 放入冰箱冷藏 30 分钟左右，食用时取出从中切开即可。

操作要点

1 用小煎锅的目的，是为了更方便快捷地摊出最标准的圆形蛋皮，如果没有，用大煎锅也可以，只是注意蛋皮不宜煎得过大，直径在 15～18 厘米为宜；

2 煎蛋皮时一次加入的面糊不宜过多，基本以旋转过后能薄薄一层刚刚盖住锅底即可；

3 煎蛋皮时火力不可过大，一般烧热后转小火煎制即可，火大容易将蛋皮煎煳；

4 包制好的芒果班戟送入冰箱冷藏 30 分钟以后鲜奶油和蛋皮的凝固性更好，更易于切开保持比较完整的造型。

砵仔糕

砵仔糕是广东传统小吃之一，首创于广东省台山县，已有数百年的历史。几百年来，采用砵仔来蒸糕之法一直传下来，成就现在的广东砵仔糕，以至风靡全国，甚则海内外。

如今的砵仔糕能广为流传是因为一部香港电影，港星刘青云和袁咏仪主演的《新不了情》，随着电影的走红，砵仔糕也在一夜之间红遍海内外，在全国各大城市到处可见售卖砵仔糕的店家，吃的人越来越多，卖的人也越来越多，砵仔糕也开始深受年轻人和小朋友喜爱。

好的砵仔糕晶莹雪白，表层油润光洁、细腻嫩滑，质爽软而润滑，味甜洌而清香，吃起来有韧性（筋道）而不粘牙。

制作砵仔糕并不困难，只要按比例调和几种粉类和水，然后上锅蒸制即可得到香滑的砵仔糕。更偷懒一点的，可以买半成品的砵仔糕粉，直接加水调制即可，制作更加方便。

原料 粘米粉 100 克、糯米粉 10 克、澄粉 60 克、广东片糖 80 克、水 500 毫升、蜜红豆适量、色拉油少许

工具 汤锅、蒸锅、钵仔、毛刷、筛网

分量 16 个

1. 粘米粉、糯米粉和澄粉混合过筛；
2. 然后加入 150 毫升水；
3. 搅拌均匀调成粉浆；
4. 350 毫升水中加入 80 克片糖；
5. 大火煮沸至糖全部融化；
6. 将沸腾的糖汁迅速倒入粉浆内，一边加一边搅拌；
7. 直至搅拌成顺滑的浆汁；
8. 钵仔放置在蒸格上，每个内壁刷上薄油；
9. 将粉浆倒入钵仔内，每个约八九分满；
10. 盖上锅盖，大火烧上汽后再蒸 20 分钟即可；
11. 最后撒上适量蜜红豆即可食用。

操作要点

1 糖汁一定要沸腾的状态冲入生浆中，一边冲一边迅速搅拌，才能兑出均匀顺滑的半熟浆，如果温度不够，或者搅拌不均匀，冲兑后的浆汁会出现沉淀或者结块，影响最后的成败；

2 钵仔内壁刷油是为了更好地脱模，蒸好后用牙签沿内壁滑一圈即可轻松脱模。

西多士

西多士是香港茶餐厅最常见的小吃之一，简称“西多”，据说该甜品是由法国传入的，故西多士亦叫“法兰西多士（French Toast）”。

西多士的做法非常简单快捷：先把吐司面包的四条边去掉，在两片面包的一面分别涂上花生酱，中间夹上芝士片（也可根据个人喜好加入火腿片）；将鸡蛋打散，再让面包完全沾上蛋液；平锅放入油，油五成热时把裹了蛋液的面包用小火煎成金黄色出锅；上桌后再加上奶油或牛油，再根据个人口味添加适量的糖浆或炼奶即可食用。

就是这么简单的食材，却能拼凑出甜而不腻，香脆酥软，让人一口咬下去啧啧称奇的美味口感。在美国有线新闻网（CNN）旗下的旅游网站 CNNGo 评选出的全球 50 大美食中，西多士榜上有名。在大多数的港式茶餐厅中，西多士的做法更加简单，基本只是抹了一层花生酱而已，不过我个人觉得在家做，就要营养和口感更丰富一些，所以这里会加入火腿芝士之类的其他夹馅，当然你也可以根据自己喜好，换成果酱、培根、生菜等其他夹馅。

原料 白吐司 4 片、三明治火腿片 2 片、切达芝士片 2 片、花生酱适量、鸡蛋 2 个、牛奶 50 毫升、黄油 25 克

工具 西餐刀、长刀、平底煎锅、筛网

分量 4 个

1. 白吐司 4 片；
2. 三明治火腿切薄片、芝士片和花生酱拆开备用；
3. 吐司切去四边；
4. 取两片分别在其一面抹上花生酱；
5. 再放上一层芝士片、一层火腿片；
6. 再将另一片抹过花生酱的吐司翻过来盖在火腿上，另两片吐司相同操作即可；
7. 取一大碗，打入鸡蛋；
8. 用小勺打散后加入 50 毫升牛奶，再次搅打均匀；
9. 用筛网将蛋汁过滤一遍，滤掉打不散的蛋白；
10. 将夹好馅心的吐司放入鸡蛋液中两面各浸泡 5 秒，使表面充分沾上蛋汁；
11. 平底锅放入 25 克黄油，中火加热至黄油融化后改小火；
12. 下入沾过蛋液的吐司片；
13. 煎至两面金黄稍带焦色即可，剩余材料重复操作即可；
14. 煎完吐司还有剩余的黄油和蛋液，可将蛋液直接倒入锅中稍翻炒即成黄油蛋滑，搭配西多士食用。

操作要点

1 煎吐司时火力不可过大，否则黄油受热过高会出现焦黑色杂质；

2 港式西多士最常见的就是只抹一层花生酱，其他什么都没有，但自己在家做时可将料给得足一些，加入火腿片和芝士，口感和营养都更丰富，也可以根据个人口味换成果酱或者其他夹馅。

葡式蛋挞

葡式蛋挞，又称葡式奶油塔、焦糖玛琪朵蛋挞，港澳地区称葡挞，是一种小型的奶油酥皮馅饼，属于蛋挞的一种，焦黑的表面（是糖过度受热后的焦糖）为其特征。1989 年，英国人安德鲁·史斗（Andrew Stow）将葡挞带到澳门，改用英式奶黄馅并减少了糖的用量，随即慕名而至者众，并成为澳门著名小吃。

正宗的葡式蛋挞必须用手工制作：精致圆润的挞皮、金黄的蛋液，还有焦糖比例，都经过专业厨师的道道把关，才臻于普通蛋挞难以达到的完美。真正的蛋挞必须有分层明显。上桌的玛嘉烈蛋挞的底座就像刚出炉的牛角面包，口感松软香酥，内馅丰厚，奶味蛋香也很浓郁，虽然味道一层又一层，却甜而不腻。

对于热衷烘焙的人来说，自己动手开酥皮并非难事，可是考虑到很多人并没有烘焙基础，所以在这里我只给出了挞水的配方，蛋挞皮用的是市售半成品挞皮，在烘焙网店就能买到，只要家里有烤箱，便很容易做出正宗的葡式蛋挞。

原料 淡奶油 120 毫升、牛奶 120 毫升、白砂糖 25 克、蛋黄 3 个、吉士粉 3 克、蛋挞皮 9 个

工具 小汤锅、滤网、烤箱、量杯

分量 9 个

1. 用量杯量出 120 毫升淡奶油和 120 毫升牛奶；
2. 鸡蛋 3 个分出蛋清与蛋黄；
3. 将蛋黄打散备用；
4. 小汤锅中倒入牛奶和淡奶油混合均匀，然后加入 25 克白砂糖；
5. 一边小火加热，一边搅拌至糖完全融化；
6. 待到刚刚开始沸腾时关火，晾凉到 80℃左右时冲入蛋黄，一边缓缓加入一边迅速搅拌均匀；
7. 然后往锅中筛入 3 克吉士粉，搅拌均匀即成挞水；
8. 然后将蛋挞水用细筛过滤一遍，将底层的吉士粉用小勺碾压后均匀滤下，然后搅拌均匀；
9. 蛋挞皮置于烤盘上；
10. 倒入挞水，每个八分满左右；
11. 烤箱预热，上下火 180℃，中层，烤 20 分钟左右；
12. 待表面结出焦糖点时关火取出即可。

操作要点

1 牛奶加热不可过热，完全沸腾后奶油会出现水油分离，容易结皮；

2 蛋黄冲入牛奶溶液中时温度不可过高，同时要快速搅拌，否则蛋黄容易凝结，那就冲成蛋花汤了；

3 每家烤箱火力不等，所以根据自家烤箱温度来调节时间和温度，有些上火猛可能就要改放在下层，有些下火猛可能就要改放在上层，上下火的温度可能也要分开调控，这里只作参考，并不是统一的温度。

葡国鸡饭

葡国鸡是葡菜代表菜品。葡国鸡是葡国人从非洲及印度食品中学到的做法。将整鸡、马铃薯、洋葱、鸡蛋等配料，配以咖喱盐制而成的美食。其特点为香味浓郁、鸡肉鲜嫩可口。它是全套葡国菜的主菜，一般与佐餐酒配合风味更佳。

葡国菜的传统风格偏浓郁，而经典菜式澳门葡国鸡饭，正秉承了这一特点。姜黄是葡式料理中不可或缺的调味料，与咖喱一同做菜，味道格外香浓馥郁，令人无法抗拒。这道菜虽然配料繁多，但其实并不难做，只要学会调味，按部就班地“混酱”，便能煮出一锅好鸡。

主料 熟米饭 300 克、洋葱 1/4 个、黄色甜椒 1/4 个、绿辣椒 1/2 个、红辣椒 1/2 个、椰浆 200 克、淡奶油 50 克、原味咖喱 30 克、马苏里拉芝士 60 克、鸡脯肉 100 克

辅料 姜黄粉 1 勺、生粉 2 勺、盐 1 小勺、鸡精适量、白胡椒粉适量、水适量、色拉油 50 克

工具 不粘锅、焗饭盘、烤箱

分量 1 人份

1. 洋葱和三种辣椒切成小块备用；
2. 椰浆与淡奶油倒入碗中混合均匀备用；
3. 马苏里拉芝士切碎备用；
4. 原味咖喱一盒备用；
5. 鸡脯肉切丁；
6. 加入姜黄粉 1 勺、生粉 2 勺、盐 1 小勺、鸡精适量、白胡椒粉适量、水适量，拌匀腌制 15 分钟；
7. 不粘锅倒入 50 克色拉油，烧热后下入鸡丁扒熟；
8. 然后下入洋葱和三种辣椒丁翻炒 1 分钟；
9. 然后加入 30 克咖喱和 200 克椰浆，混合均匀小火加热，至汤汁浓稠时关火；
10. 蒸好的米饭盛入焗饭盘中；
11. 表面盛上炒好的葡国鸡汁；
12. 再在表面均匀地撒上一层马苏里拉碎；
13. 烤箱预热，上下火 180℃，中层，烤 10～15 分钟；
14. 至马苏里拉融化，表面带焦色时即可取出食用。

操作要点

1 没有椰浆时可用椰汁代替；

2 买不到姜黄粉的可用咖喱粉代替，因为咖喱粉里也有姜黄的成分；

3 传统的葡国鸡汁是比较稀一点儿的，我这里是为了做焗饭所以炒得稍干一些，如果不加马苏里拉烤，鸡汁可以收得不这么干，稍稀一些直接淋在米饭上即可食用。

六、台湾风味小吃

台湾小吃是本人非常钟爱的系列之一，其实若论地域特点，台湾小吃应该是和闽南小吃一脉相承的，可是因为台湾本身特殊的历史原因，受到很多外来移民文化的影响和冲击，所以如今已发展出自己独特的小吃体系和风味。在台湾小吃中，很容易找到别处小吃的影子，但又加入了相当多的本地特色，所以台湾小吃才那么特别，那么让人印象深刻。在台北、高雄或者基隆等城市，夜市都是整个城市最抢眼的风景，很多游客到台湾的第一件事，就是要去夜市品尝当地最有特色的小吃。

台式芋圆烧仙草

拜全国各地遍地开花的台式甜品店所赐，台湾小吃中最广为人知的，就是台湾的手工芋圆和烧香草。

芋圆是著名的台湾地区传统甜点，在台湾以九份地区出产的芋圆最为出名。

九份芋圆是以芋头蒸熟后压成泥，加上地瓜粉及水拌匀成团，搓揉成长条形再切成小块，放入沸水中煮至浮起捞出即成芋圆。

烧仙草据说以台湾苗栗县九华山的仙草干最出名。烧仙草具有去干降火、美容养颜的功效，夏天冰食可清凉去火，冬天热食可去燥暖胃，所以备受当下女性的青睐。

而将芋圆与烧仙草的结合，就是现代台湾甜品的杰作了。一般一碗这样的甜品，里面不止有芋圆和仙草，还可以根据个人口味，加入煮熟的莲子、薏米、红豆、绿豆、大红豆、大块的芋头、珍珠等，也有把仙草换成豆花的，所以品种和口味的选择都是多样性的。

自己制作这道甜品其实并不困难，难的是要添加的食材种类太多，每一种都要分类完成，而且操作时间会比较长，所以有时间的时候，不妨把每一种材料都分别做好，最后混合在一起就好。

南瓜芋圆 南瓜 300 克、木薯生粉 120 克、马铃薯淀粉 30 克、白砂糖 20 克

原味芋圆 芋头 300 克、木薯生粉 120 克、马铃薯淀粉 30 克、水 120 克、白砂糖 20 克

紫薯芋圆 紫薯 300 克、木薯生粉 120 克、马铃薯淀粉 30 克、水 120 克、白砂糖 20 克

仙 草 冻 黑凉粉 50 克、冷水 600 克、开水 400 克

珍　　珠 珍珠生坯 100 克、水 1000 克

冰　　沙 红糖 30 克、温水 500 克

其他辅料 红腰豆（罐头）50 克、椰果 50 克、蜜红豆 50 克

工　　具 高压锅、滤网、汤锅、方碗、冰格、刨冰机、刀

分　　量 2 人份

1. 南瓜、紫薯、芋头去皮切成小块，放入高压锅；
2. 大火烧上汽后转小火，蒸 20 分钟；
3. 放气开盖；
4. 将南瓜捣烂成泥；
5. 将南瓜泥用细筛过滤一遍；
6. 加入 120 克木薯生粉、30 克马铃薯淀粉、20 克白砂糖；

7 混合均匀后揉成光滑的面团；
8 原味芋圆和紫薯芋圆面团相同操作，唯一区别是原味芋圆和紫薯芋圆中要先加入 120 克水用料理机搅打成泥再混入干粉，否则面团会过干不易于操作；
9 将三种面团搓长条后切成小块；
10 汤锅注水煮沸下入芋圆煮熟；
11 捞出放入凉开水中浸泡至完全冷却；
12 50 克黑凉粉倒入大碗中；
13 加入 100 克冷水搅拌均匀；
14 然后往凉粉糊中加入 400 克开水；
15 一边加入一边迅速搅拌均匀；
16 汤锅中倒入 500 克冷水，然后将碗中的溶液倒入锅中搅拌均匀，一边小火加热，一边搅拌，直至浆汁浓稠开始变得粘连；
17 最后将凉粉糊全部倒入方形容器中，待冷却后送入冰箱冷藏 1 小时；
18 取出后倒扣分切成正方小块；
19 置于盘中备用；
20 珍珠生坯 100 克；
21 汤锅注入 1000 克清水煮沸，然后下入珍珠生坯，煮至再次沸腾后加少量冷水，反复 2～3 次，煮至珍珠全部浮起时关火；
22 将煮好的珍珠捞出过水冲凉备用；
23 30 克红糖加入 500 克温水中搅拌均匀至红糖完全溶化，然后倒入冰格中，送入冰箱冷冻成冰块；
24 红腰豆、蜜红豆、椰果置于盘中备用；
25 将红糖冰块送入刨冰机饭刨出冰花；
26 然后再在表面撒上适量煮好的芋圆、珍珠，适量仙草冻、椰果、红腰豆、蜜红豆即可食用。

操作要点

1 这里芋圆的分量很多，并不止 2 人份，芋圆可以一次多做一些，分切成小块之后表面撒适量生粉，然后送入冰箱冷冻，要吃的时候取出随煮随吃；
2 仙草冻的分量也有多的，也可加入炼乳、糖汁、蜂蜜等单独食用，也是非常好的清火甜品；
3 珍珠一定要沸水下锅煮，冷水下锅会煮成一锅糨糊。

麻糬

在台湾的众多知名小吃中，麻糬算是最典型的一道受外来文化影响的食品。因为台湾有相当长一部分时间是被日本统治的，所以日本人喜爱的很多食物在台湾也非常流行。如拉面、寿司、生鱼片等等，其中点心类的食品如日本的和果子、大福等糯米制的食品在台湾也很受欢迎。

日本人把糯米粉或其他淀粉类制成的有弹性和黏性的食品叫做“もち”(mochi)，台湾音译为“麻糬”，意译为“饼”、“年糕”等。日本的“もち”一般为圆形，也有做成各种精致造型的和果子，但在台湾麻糬好像更多地被做成长条状，一般都是原味米皮加上各种口味的馅泥，也有表皮加上芝麻或者椰蓉的，那是后来发展的做法。

原料 糯米粉100克、水125克、糖粉70克、玉米淀粉20克、水15克（调节粉团的软硬度）、红豆沙馅150克

工具 蒸锅、大碗、不粘锅、微波炉、麻糬模具、橡皮刮刀、面粉筛

分量 10个

1. 糯米粉和糖粉混合均匀过筛备用；
2. 加入125克清水；
3. 搅拌成均匀的粉浆；
4. 将粉浆送入蒸锅；
5. 盖上盖子大火烧上汽后蒸15～20分钟；
6. 蒸10分钟左右后，用筷子扒开粉团，将中间的白色粉浆翻动均匀后再蒸；
7. 待到全部粉团变为半透明色，中间再无白色生浆的颜色即为蒸好了；
8. 将已蒸熟的粉团移入不粘锅中，开小火加热，用橡皮刮刀轻轻翻炒；
9. 缓缓加入15克左右的清水调节粉团的软硬度，如果粉团软硬适中可以不加水，如果过干就需要加水；
10. 将玉米淀粉入微波炉高火叮30秒；
11. 然后将适量玉米淀粉抹在砧板上，再将锅中的粉团倒在玉米淀粉上；
12. 轻轻滚动粉团使表面均匀沾上玉米淀粉，然后拉成长条状；
13. 分切成10等份；
14. 手上抹玉米淀粉，取一小块粉团按扁，然后中间放上15克搓圆的红豆沙馅；
15. 收口捏紧包起成长条形；
16. 麻糬模具扑少量玉米淀粉，将包好的粉团压入模具中，送入冰箱冷藏30分钟后磕出即可。

操作要点

1 粉浆要蒸至完全熟透，中间翻搅一次更利于快速蒸熟；
2 因为糯米粉的吸水性不同，所以这里给出的加水量不是一定的，视粉团干稀程度自由添加；
3 炒好的粉团非常稀软也非常粘手，所以所有操作工具以及双手都要抹上玉米淀粉防粘；
4 麻糬模具可以用市售麻糬吃完后剩下的盒子，也可以用长条形的冰格，或者宽的手指饼干模具（淘宝有售），只是各种模具的容量大小不一，所以操作时要注意分切的粉团和包入馅心的量，这个就自己掌握啦。

红豆冰

红豆冰，在大陆叫“刨冰”、“冰花”，台湾叫“锉冰”。

大陆人耳熟能详的台湾的甜品饮品种类是非常多的，除了烧仙草、芋圆这一类的，也有台湾独创的珍珠奶茶。红豆冰这样的，相对来说在台湾本土更加流行，大部分台湾人都有吃红豆冰的记忆，一般甜品店和奶茶店都有售，往往是堆成一座小山形状，上面撒满蜜红豆，再加上些炼乳奶油什么的，口感非常清爽，是夏日消暑的最佳选择！

所以每到盛夏，总会看见很多人点红豆冰，多数的恋人会两人点一份，你一勺我一勺地面对面吃完，连化掉的水也会一起用吸管喝，甚是甜蜜。台湾曾有部电影叫《初恋红豆冰》，讲的就是一个关于青春与爱情的故事，而红豆代表着相思，所以红豆冰在台湾逐渐也变成恋人专属甜点。

自己在家做红豆冰，其实并不困难，蜜红豆有市售半成品，如果买不到，自己煮也很方便，只要买台家用刨冰机或者带打冰功能的料理机，就可以做出来。

原料 纯净水（或白开水）250克、蜜红豆100克、炼乳20克、牛奶15克

工具 冰格、刨冰机

分量 1人份

1. 纯净水或者白开水倒入冰格中送入冰箱冷冻成冰块；
2. 蜜红豆100克置于碗中备用；
3. 取一小碗，倒入20克炼乳和15克牛奶搅拌均匀；
4. 将冰块用刨冰机打成冰沙；
5. 再将蜜红豆均匀地盖在冰沙上，最后淋上炼乳和牛奶的混合溶液即可。

操作要点

1 蜜红豆有市售成品，如果没有可以自制；
2 炼乳和牛奶也可以用淡奶油加糖来代替；
3 做好的红豆冰最好快点吃完，否则很容易化成水。

蚵仔煎

蚵仔煎（闽南话为 ǒu ā jīan，普通话译做“海蛎煎”），发源于泉州，是闽南、台湾等地的经典小吃。起源是先民在无法饱食下所创造的替代粮食，是一种贫苦生活的象征，蚵仔煎据传就是这样的一种在贫穷社会之下所创造的创意料理。它最早的名字叫“煎食追”，是台南安平地区一带的老一辈的人都知道的传统点心。

在 2007 年以前，除了闽南台湾等地人，外地人很少有人知道这道传统小吃，而真正让它红遍大江南北的是一部名为《转角遇到爱》的台湾连续剧，随着剧集的大火，这道小吃变得家喻户晓。如今不止在闽南沿海一带，全国各大城市都有售卖。

自己做这道小吃，可能对于非沿海地区人来说并非易事，因为他们很难买到新鲜蚵仔，不过现在全国各大城市都有很多海鲜批发市场，如果去赶个早市，应该也可以买到，再就是需要买到专用的太白粉，即木薯生粉，这个在淘宝上很容易找到。

材料 去壳牡蛎 250 克、韭菜 3 根、小白菜 1 棵、鸡蛋 1 个、木薯生粉 30 克、水 90 克、植物油适量

酱汁 香辣酱 20 克、蒜茸辣酱 5 克、生粉少许

工具 不粘平底锅、小煎锅

分量 1 人份

1. 材料、酱汁备好；
2. 牡蛎洗净泥沙，沥干水分，韭菜切碎，小白菜切小段取叶，鸡蛋打成蛋液，木薯生粉与清水混合调匀，水与粉的比例为 3:1；
3. 平底锅烧热，倒入植物油，将牡蛎倒入快速翻炒；
4. 加入调好的粉和韭菜碎，煎至凝固透明状；
5. 淋入蛋液；
6. 然后再加入小白菜；
7. 翻面煎至两面熟透即可出锅；
8. 另起锅倒入香辣酱、蒜茸辣酱和水淀粉，煮开即好；
9. 将煮好的酱汁淋在蚵仔煎上即可开吃。

操作要点

1 做蚵仔煎一定要选用木薯生粉，由于其黏性很强，所以在家里做蚵仔煎要用不粘平底锅，翻面的时候一定要小心，很容易粘在一起；

2 水与木薯生粉的比例很讲究，一般比例为 3:1，用这样的比例煎出来的蚵仔煎呈透明状，口感特别香滑；

3 如果没有小白菜，也可以加入当季的蔬菜。

棺材板

棺材板是台南市有名的小吃之一，由许六一发明。有些店家为求吉利，将其改称为官财板。棺材板的前身是用西式酥盒加上鸡肝等中式配料做成的。一开始不称棺材板，而为鸡肝板。据闻某日，台湾大学考古队来到这家点心店品尝鸡肝板。在茶余饭后，考古队与许六一先生闲聊之际，一位教授忽然说：“这鸡肝板外形很像我们正在挖掘的石板棺呢！”。而生性乐观开朗的许六一先生听完后，便爽朗地回答：“那从此我的鸡肝板就命名为棺材板吧！”。自此，这个有点耸人听闻的名号“棺材板”便取代了鸡肝板的称号。特殊的形状和偏甜的口味使得棺材板一炮而红，遂成台南著名小吃之一，在沙卡里巴或赤崁楼附近皆有摊贩。但事实上棺材板口味较油腻，销售以观光客为大宗，本地人不常食用。

主料 450 克方形白吐司 1 个、火腿肠 30 克、胡萝卜半根、青豆 50 克、玉米粒 50 克、虾仁 100 克

辅料 色拉油 500 克（实用 100 克左右）、清水适量、黄油 25 克、淡奶 150 克、盐 1 小勺、玉米淀粉 1 小勺

工具 炒锅、不粘煎锅、汤锅、滤网、小刀

分量 2 个

1. 450克方形白吐司一个；
2. 横刀从中对剖成两半；
3. 炒锅倒入500克油，大火烧至六成热时转小火，下入吐司炸制，中途要注意四边翻动，将每一面都炸至焦酥；
4. 滤油后捞出；
5. 用小刀沿边缘留下1.5～2厘米的边，切下一个长方形的盖子，中间掏空；
6. 将火腿肠、胡萝卜切成小丁，和青豆、玉米粒、虾仁一起过沸水抄熟；
7. 不粘煎锅放入25克黄油，中火加热至融化；
8. 下入抄过水的玉米粒、胡萝卜丁、虾仁等翻炒均匀；
9. 加入150克淡奶、1小勺盐翻炒均匀；
10. 待沸腾后加入1小勺玉米淀粉，收汁至浓稠后关火；
11. 将炒好的内馅盛入炸好的吐司盒中即可。

操作要点

1 做吐司时要注意火候，六成热下锅，全程小火，注意翻面，使每一面上色均匀，面包很容易炸煳，所以时间一定要掌握好；

2 我切吐司时采用的是横切法，如果感觉吃不了那么多，想做得小一点儿，可以采用竖切法，做成正方的棺材板，用量就会少一些。

卤肉饭

台湾的饭食小吃花样繁多，不过要说其中最为著名的，当推卤肉饭。

如同许多的台湾小吃一样，全台各地也都有店家贩卖卤肉饭。而卤肉饭在台湾南北地区有不同的意义。在台湾北部，卤肉饭为一种淋上含有煮熟碎猪肉（猪绞肉）及酱油卤汁的白饭的料理，有时酱汁里亦会有香菇丁等的成分在内，与烩肉饭不同，此种做法在台湾南部称做“肉臊饭”；而所谓的“卤肉饭”在台湾南部是用切块五花肉的烩肉饭。

两种地方的做法虽然不太一样，但制作原理基本一致，外地人也习惯于把它们统称为“台湾卤肉饭”。本书中介绍的，就是肉臊饭的做法，用的不是切块五花肉，而是肉糜，个人觉得这种做法肉更入味，口感更佳。

主料 五花肉400克、水发香菇100克、熟米饭适量

辅料 盐1／2小勺、生姜末10克、料酒5克、色拉油60克、李锦记卤水汁30克、生粉1小勺、水适量

工具 不粘煎锅

分量 3人份

1. 五花肉洗净；
2. 剁成肉末后置于大碗中，加入1／2小勺盐、5克料酒和10克姜末；
3. 拌匀后腌制15分钟；
4. 香菇用温水泡发后挤干水分；
5. 切成黄豆大小的小丁；
6. 不粘煎锅倒入50克色拉油，大火烧至八成热；
7. 下入肉末扒散后改小火，煎至五花肉中的肥肉出油；
8. 加入香菇碎翻炒均匀；
9. 然后加入30克李锦记卤水汁翻炒均匀；
10. 加入没过所有材料的水翻炒均匀；
11. 盖上锅盖，大火煮沸后转小火，炖20分钟左右；
12. 最后将1小勺生粉加入适量水调匀后倒入锅中；
13. 转大火翻炒均匀收汁至浓稠后关火；
14. 将炒好的卤肉臊盛入碗中备用；
15. 最后取适量蒸熟的米饭，根据自己需要在饭上浇上适量肉臊即可食用。

操作要点

1 五花肉本身可出油，所以这里煎锅内放入的油不可过多；

2 家里有老卤水的可不用市售卤水汁，一般卤水都很咸，所以这里卤水的用量和加入的水量要根据卤水的咸淡来调节；

3 卤水中一般也有很重的味素，所以这里不用再加鸡精胡椒粉等调味；

4 肉臊中带适量卤汁拌起饭会更好吃，所里水分不用收得过干，一般七八成干即可，如果喜欢吃卤汁多的收到五成干亦可，这个自行调节。

七、滇桂黔特色小吃

滇桂黔三地，因为地处偏远，大部分地区为山区，交通不太便利，所以受外来文化影响少，很多美食千百年来都保持着非常鲜明的传统特色，口味也相对小众，很多本地人非常喜爱的食物，在别的地方人看来却很难接受。类似于广西的酸笋，贵州的懒豆腐、毛豆腐等等。写这一部分的小吃的时候，虽然很想介绍当地最有特色和代表性的食物，但又担心很多品种对大众来说接受度不高，所以这里选出的几种，都是大众耳熟能详的，或者多少听说过，但并不知道怎么做的小吃，也是相对来说口味比较大众化的美食。

云南过桥米线

“过桥米线”是云南滇南地区特有的食品，已有百多年历史。相传清朝时滇南蒙自市城外有一湖心小岛，一个秀才到岛上读书，秀才贤惠勤劳的娘子常常弄了他爱吃的米线送去给他当饭，但等出门到了岛上时，米线已不热了。后来一次偶然送鸡汤的时候，秀才娘子发现鸡汤上覆盖着的厚厚的那层鸡油有如锅盖一样，可以让汤保持温度，如果把作料和米线等吃时再放，还能更加爽口。于是她先把肥鸡、筒子骨等熟好清汤，上覆厚厚鸡油；米线在家烫好，而不少配料切得薄薄的到岛上后用滚油烫熟，之后加入米线，鲜香滑爽。此法一经传开，人们纷纷仿效，因为到岛上要过一座桥，同时也为纪念这位贤妻，后世就把它叫做“过桥米线”。

正宗的全套过桥米线，配料太多，肉片、火腿、青菜、笋片、豆芽等都切得小小的、少量的，但份数很多，如果家庭制作，实在太过繁琐，所以这里我只介绍了最基础款的米线，就是原汁的鸡汤米线，喜欢加其他配料的，可根据个人喜好来添加啦！

鸡汤 土鸡 1 只（约 1250 克）、水发香菇 100 克、红枣 20 克、生姜 15 克、水发黄花菜 30 克、色拉油 50 克、盐 3 勺、料酒 15 克、水 2500 克、鸡精适量、白胡椒粉适量

米线 保鲜米线 200 克、清水适量、盐 1 小勺

辅料 小葱适量

工具 炒锅、高压锅、汤锅、滤网、小砂锅

分量 1 人份

1. 土鸡 1 只洗净剁成小块；
2. 黄花菜、香菇、红枣用温水泡发后洗净挤干水分，香菇、红枣对剖，生姜切成片备用；
3. 炒锅中倒入 50 克色拉油，烧热后下入生姜片煸香，然后加入鸡块翻炒至断生；
4. 加入料酒翻炒出香；
5. 将炒好的鸡块转入高压锅中，加入 2500 克水搅拌均匀；
6. 再加入 3 勺盐搅拌均匀；
7. 盖上锅盖，大火烧上汽后转小火，炖 30 分钟；
8. 放气开盖后加入黄花菜和红枣以及香菇；
9. 再次开大火煮至沸腾后转小火再煮 5 分钟即可，关火后加适量鸡精、白胡椒粉调味；
10. 保鲜装过桥米线 1 包；
11. 过清水冲洗 1 分钟滤出备用；
12. 汤锅注适量清水加 1 勺盐煮沸；
13. 下入米线煮至再次沸腾后关火；
14. 将煮好的米线滤出；
15. 小砂锅内倒入适量煮好的鸡汤煮至沸腾关火；
16. 然后加入煮好的米线，最后将鸡汤中的香菇、黄花菜、红枣、鸡块等内容勺适量加于米线表面，最后撒适量葱花即可。

操作要点

1 因为用一整只全鸡炖汤，所以鸡汤的分量较多，一锅约为 10 人份，可供一家三口吃两三餐，煮米线的时候根据自己食量加适量鸡汤煮沸即可，不必全用完；

2 煮米线的时候加少量盐一起煮可让米线比较入味，同时也避免了将无味的米线放入鸡汤中时，冲淡了鸡汤的味道，而如果为了调和咸淡再在鸡汤中加盐，又会让鸡汤过咸，所以分开放盐会比较好。

腾冲大救驾

“大救驾”即为炒饵块，饵块为云南特有，是昆明最著名的名特小吃之一，也是大理地区常见的传统食品之一。饵块系用优质大米加工制成，其制作过程是将大米淘洗、浸泡、蒸熟、冲捣、揉制成各种形状。一般分为块、丝、片三种。制作方法烧、煮、炒、卤、蒸、炸均可，风味各异，久食不厌。

“大救驾”起源于腾冲，在昆明也很有名气。据说明朝灭亡后，李定、刘文秀等大西军于1656年拥永历帝朱由榔辗转来到昆明。两年后，清军三路入滇，吴三桂率军逼近昆明，永历帝与李、刘二将率军西走。至腾冲时，曾几断炊断，危及性命，腾冲老百姓炒饵块奉上，才算解围。永历帝叹，这真是救了朕的大驾。因此，腾冲炒饵块就被称“大救驾”。“大救驾”与昆明炒饵块不同的是，切成三角形的饵块薄如纸，作料以鸡蛋、糟辣子、番茄、白菜心、葱为主，因此，其色彩如水粉画，清新明快，红、黄、白、绿，甚是清秀雅洁。食之，味道也较清爽，香辣适度，别具一格。

正宗的腾冲大救驾，食用时，当地人必配上一碗用本地酸腌菜冲泡的清酸汤，做法也很简单，就是直接将酸腌菜冲入开水即可，配上炒饵块一同食用，风味相当独特。

炒饵块 新鲜饵块 250 克、腾冲酸腌菜 15 克、宣威火腿片 20 克、番茄半个、胡萝卜 1/3 根、豌豆尖 50 克、红辣椒半个、绿辣椒半个、猪里脊肉 50 克、生粉 1 小勺、料酒 1 小勺、盐 1/2 小勺、老抽少许、色拉油 50 克、鸡精适量、胡椒粉适量、生抽 1 小勺、水适量

清酸汤 腾冲酸腌菜 15 克、开水 150 克、小葱末适量

工　具 不粘炒锅、滤篮

分　量 1 人份

1. 腾冲酸腌菜 1 包；
2. 云南新鲜饵块 1 包；
3. 将饵块过水冲洗滤干备用；
4. 红椒、绿椒、胡萝卜、宣威火腿、腾冲酸腌菜等切成方形小片，番茄切块，豌豆尖摘出叶子；
5. 猪里脊肉切片，加入生粉 1 小勺、料酒 1 小勺、盐 1/2 小勺、老抽少许拌匀；
6. 不粘锅中倒入 50 克色拉油，大火烧热后下入肉片扒熟；
7. 将肉片盛起，油留在锅中，再下入青、红椒，豌豆尖和胡萝卜片以及番茄块翻炒；
8. 再下入宣威火腿片和酸腌菜翻炒均匀；
9. 然后下入饵块；
10. 加入生抽 1 小勺；
11. 然后加放少量水翻炒均匀；
12. 盖上锅盖中火焖 1 分钟左右；
13. 开盖后大火收汁，加适量鸡精和胡椒粉调味后关火；
14. 最后将炒饵块盛起装盘，小碗中加 15 克酸腌菜、150 克开水和少量小葱末冲成清酸汤即可一同上桌食用。

操作要点

1 腾冲酸腌菜和宣威火腿本身已经很咸，加上猪肉片中也已加了盐，所以炒饵块时不用再放盐，用腌菜和火腿煮出来的味道即可让饵块和其他材料入味；

2 炒饵块时加放的水量不可过多，因为饵块非常容易熟，如果水量过多很容易煮得过于软烂而失其形；

3 豌豆尖、胡萝卜、番茄等也可以用你自己喜欢的其他蔬菜来代替，如白菜、上海青、菠菜、黄瓜、甜椒等，也可加入炒熟的鸡蛋，只需注意色彩搭配即可，即每一种配菜的颜色要不一样的，最好红、黄、绿等各种颜色均有一种，这样炒出来的大救驾才五颜六色，更有食欲。

南宁老友粉

老友粉是广西南宁的本土美食，于 2007 年入选南宁公布的首批 26 项非物质文化遗产名录，与柳州的螺蛳粉、桂林的桂林米粉同为广西“三大名粉”。在南宁，老友粉是最没有阶层分化的小吃代表，非常具有民生气质。这种粉能以自己独特的方式，把酸和辣巧妙地结合在一起，形成了南宁小吃的独特风味之一。

虽然老友粉现在大行其道，而其原版则是老友面。关于老友面的来历有一个典故：上世纪三十年代，一位老翁每天都光顾周记茶馆喝茶，有几天因感冒没有去，周记老板十分挂念，便将精制面条佐以爆香的蒜末、豆豉、辣椒、酸笋、牛肉末、胡椒粉等煮成热面条一碗，送予这位老友吃。热辣酸香的面使老翁顿时食欲大增，他发了一身大汗，感冒也好了。事后老翁感激不尽，书赠“老友常临”的牌匾送给周老板，“老友面”由此得名并渐渐名扬八桂。

在南宁卖老友粉最为出名的老字号是“舒记”和“复记”，这两家的粉我都去尝过，味道不错，但卖相实在不咋的，所以本人自制的老友粉，虽不一定能入正宗南宁人的法眼，但自我感觉还是不错的。

主料 新鲜米粉（宽切粉）300 克、酸笋 50 克、黑豆豉 10 克、红剁椒酱 10 克、青辣椒酱 10 克、大蒜 10 克、生姜 10 克、猪里脊肉 100 克

辅料 生粉 1 勺、盐 1 小勺、料酒 1 勺、植物油 60 克、白砂糖 3 克、水适量、小葱末少许、鸡精适量、黑胡椒粉适量

工具 不粘汤锅

分量 2 人份

1. 米粉洗净滤干备用；
2. 酸笋切丝、生姜切丝、大蒜切末、黑豆豉切碎，红绿两种辣椒酱置于盘中备用；
3. 猪里脊肉切片，加入生粉 1 勺、盐半勺、料酒 1 勺拌匀；
4. 不粘汤锅倒入 60 克油，大火烧热；
5. 下入肉片扒熟；
6. 然后下入酸笋、姜丝、蒜末、黑豆豉，两种辣椒酱和白砂糖翻炒均匀；
7. 然后加入 2～2.5 倍的水，加半勺盐，煮至沸腾；
8. 然后下入米粉；
9. 煮至再次沸腾后关火，加少量鸡精和黑胡椒粉调味；
10. 最后盛入碗中，撒少量葱花即可。

操作要点

1 酸笋、黑豆豉、辣椒酱本身已经很咸，猪肉里也已经加了盐，所以汤里不用再加过多的盐，这里给出的另加半勺盐的用量只作参考，可加水煮出汤后先尝一下，如果味道已经足够可不用加盐，如果嫌淡再根据汤汁的咸淡来加盐；

2 酸笋和黑豆豉是老友味的灵魂，不可用别种食材替代，其他如辣椒酱可用新鲜尖椒代替，猪里脊肉可用五花或者猪肝代替，但个人觉得用辣椒酱的酸辣味儿更足，所以这里推荐用辣椒酱。

桂林米粉

桂林米粉据传最早起源于秦代，秦王嬴政征战南越，秦军大部分士兵水土不服常年生病，军医采用当地中草药，煎制成防疫药汤，让将士服用，解决水土不服的问题。为了保健，也是由于战争紧张，士兵们经常是米粉、药汤合在一起三口两口就扒完了。久而久之，就逐渐形成了桂林米粉卤水的雏形。后经历代卖米粉师傅的改进、加工，而成为风味独具的桂林米粉卤水。

卤水为什么能治疗“水土不服”的疾病呢？是因为桂林米粉卤水中用到了多种草药和香料熬制，这些草药全是专治脘腹疼痛、消化不良、上吐下泻的。这就难怪桂林老年长寿者，都有爱吃米粉的嗜好了。

关于桂林米粉的卤水，各家有各家的秘方，而出名的老字号，秘方都是不外传的，我曾经不死心问过一个桂林的博友，让她给找个正宗点的桂木米粉卤水的方子，然后她给我回了一个：“草花蛇 1 条、山蛙 10 只、牛腿骨 2 条，你先把这三样找齐，之后再告诉你其他的，然后还得一锅漓江水，别地儿的水不行。”我一听就蒙了，这让人上哪儿找？好吧，自个做卤水的行动看来是不切实际的，我就买成品的吧，好在网上有成品卤水卖，要哪个牌子有哪个牌子，我干嘛费那个劲自个折腾，买一瓶回来直接倒进煮好的粉里就完啦，方便快捷。

主料 桂林米粉专用干米粉 100 克、水适量、桂林米粉卤水 50 克

辅料 卤牛肉 50 克、锅烧（小块五花肉或者猪下巴肉炸至焦黄脆皮即成锅烧）40 克、酥炸黄豆 20 克、酸豆角 10 克、酸笋 10 克、萝卜干 5 克、大蒜 5 克、小葱适量

工具 汤锅、滤篮、滤网

分量 1 人份

1. 桂林米粉专用干米粉 100 克；
2. 汤锅注入适量清水，煮沸后下入干粉，烫软后关火，泡 30 分钟，然后再次开火，煮至再次沸腾后转小火再煮 5 分钟左右关火；
3. 将煮好的米粉过凉水冲洗一遍；
4. 然后将米粉泡入冷水中备用；
5. 桂林米粉卤水 1 瓶；
6. 卤牛肉切薄片，锅烧切薄片，大蒜、小葱切末，和酥炸黄豆、酸笋、萝卜干、酸豆角一同置于盘中备用；
7. 汤锅注水煮沸，用滤网将米粉过沸水余烫 1 分钟；
8. 提起并抖动滤网滤出水分；
9. 将米粉倒入碗中，淋入 50 克桂林米粉卤水，并用筷子拌匀；
10. 然后在表面码上牛肉片、锅烧片、酸笋、酥黄豆、酸豆角、萝卜干、蒜末和葱末，吃时再拌匀即可。

操作要点

1 桂林米粉的干粉不易煮熟，所以需要热水浸泡后再煮才能过芯；
2 煮好的米粉要过冷水冲洗才能更爽滑弹牙；
3 米粉可一次多煮一些，煮好后用冷水浸泡着，要吃的时候再随烫随吃，非常方便。

柳州螺蛳粉

柳州螺蛳粉，就是米粉配上螺蛳肉的一种风味食品，之所以叫做螺蛳粉，是因为它的汤是用螺蛳熬成的缘故。外地人不习惯的螺蛳粉汤辣和腥的味道，恰恰是螺蛳粉最大的特色。

成就一碗正宗的柳州螺蛳粉，有几点必须要注意的。

首先要准备米粉，不是北方市场上的那种河粉，得用干切粉，柳州特有的圆米粉，干切粉断面直径在3毫米左右，用水泡一个小时以上后待用（通常是用干切粉在清水中浸泡软化之后再煮）。螺蛳粉专用的粉，用的是陈年米，“越陈越好”，放久的米失去了油性，没有了胶质，加工成米粉后，吃起来弹性却很好。煮的时候与桂林米粉相反，桂林米粉煮之前要用热水先泡，而螺蛳粉用的却是冷水，否则，粉煮熟后会断，没有弹性，所以掌握这一点很重要。

其次准备汤料，也就是螺蛳汤，真正的螺蛳粉是没有螺蛳的，米粉的味道基础来源于螺蛳汤。用田螺肉或江河中的小螺蛳肉均可，汤的特点是，油要足，辣椒要够辣，要在汤上面看见红红的辣椒油。螺蛳粉的味美来源于它独特的汤料，这汤料是由螺蛳肉和三奈、八角、丁香等多种天然香料配制而成。

一碗好的螺蛳粉，好的配料也是不可缺少的。酸笋不能太酸，萝卜干不能太甜，腐竹和花生要炸得恰到好处。

综合以上几点，再加上煮好的米粉和汤，就能成就一碗美味的柳州螺蛳粉。

米　粉　螺蛳粉专用干米粉100克、水适量

螺蛳汤　螺蛳肉300克、料酒10克、白醋10克、猪大骨500克、香菇5朵、酸笋20克、大蒜10克、生姜10克、紫苏叶10克、干尖椒10克、花椒5克、干姜3克、香叶3片、豆蔻2克、八角1克、草果1克、盐2勺、老抽半小勺、色拉油30克、鸡精适量、水适量

菜　码　青菜适量、炸酥的豆油皮20克、盐酥花生30克、萝卜干10克、酸豆角10克、酸笋5克、香菜适量、小葱适量

调　料　油泼辣子15克、红辣椒油15克

工　具　汤锅、滤篮、滤勺、炒锅

分　量　1人份

1. 螺蛳粉专用干米粉 100 克；
2. 用冷水浸泡 4 小时左右至米粉完全涨发；
3. 螺蛳肉洗净加适量清水和 10 克料酒、10 克白醋，浸泡 30 分钟去除腥味；
4. 猪大骨洗净滤干备用；
5. 香菇用清水泡发后洗净备用，生姜切片、大蒜切末、紫苏叶洗净，干尖椒、花椒、干姜、香叶等其他香料置于盘中备用；
6. 汤锅注入适量清水（约 2500 克）大火煮沸，下入猪骨，煮至再次沸腾时用滤勺撇去浮沫；
7. 炒锅中倒入 30 克色拉油，大火烧热后下入干尖椒和花椒炼出红油，然后改小火，下入生姜片、大蒜末、紫苏叶、酸笋以及干姜、豆蔻、香叶等其他香料，煸炒出香；
8. 然后转大火，将螺蛳肉滤出下入锅中，翻炒至螺蛳出水；
9. 然后加入 2 勺盐和半小勺老抽，翻炒均匀至螺蛳进一步出水；
10. 将炒锅中的全部材料倒入猪骨汤中；
11. 盖上锅盖，大火煮沸后转小火，炖 40 分钟，关火后加少量鸡精调味；
12. 取一大碗或大盆，将锅中所有材料滤出，只剩下汤汁即成螺蛳汤；
13. 准备好各种菜码；
14. 汤锅注入适量清水煮沸，先下入青菜烫熟后捞出；
15. 然后下入泡发的米粉，煮 5 分钟后关火；
16. 将煮好的米粉和青菜捞出置于碗中；
17. 然后加入煮好的热螺蛳汤；
18. 最后将各种菜码放在米粉表面，加入油泼辣子和红辣椒油即可。

操作要点

1 螺蛳粉的米粉须用冷水泡后再煮，否则，粉煮熟后会断，没有弹性，掌握这一点非常重要；

2 螺蛳肉带比较多的泥沙，要反复冲洗干净，并用料酒和白醋浸泡以去除腥味；

3 猪骨炖汤要先撇去浮沫，汤才够清够鲜没有涩味；

4 螺蛳汤炖的时间要够长，汤味才够浓醇；

5 这里的螺蛳汤的用量有多的，不止 1 人份，螺蛳汤因为煮起来非常费时费力，所以一次可以多煮一些，放入冰箱备用，需要时取适量螺蛳汤煮沸后加入米粉中即可。

贵州丝娃娃

丝娃娃别名素春卷，是一种贵阳街头最常见的小吃。丝娃娃因其形状上大下小犹如裹在襁褓中的婴儿，故有此名。“襁褓”是用大米面粉烙成的薄饼，薄薄如纸却有一只手掌那么大。再卷入萝卜丝、折耳根（鱼腥草）、海带丝、黄瓜丝、粉丝、腌萝卜、炸黄豆等。在吃的时候，当然少不了注入酸酸辣辣的汁液。而这汁液便是决定味道优良的精髓，每家都有独门绝招。

丝娃娃价格便宜，口感优良，备受欢迎。我在贵阳的时候，就看见众多丝娃娃小食摊沿街而摆，颇具特色，每个摊拉得较长，一溜排的小凳子。摊位上摆满了各种各样的菜丝，有一二十个品种。菜丝切得极细，红、白、黄、黑等各种色彩相间，十分漂亮。摊主会在食客面前摆一小碟薄饼和一碗当地口味的调料，让食客兑料。外软里脆，酸辣可口，别有一番风味。

主料 春卷皮 10 张、海带 30 克、黄瓜 30 克、水发黑木耳 30 克、黄豆芽 30 克、莴笋 30 克、胡萝卜 30 克、凉面 30 克

味汁 生抽 3 克、镇江香醋 30 克、蒜末 10 克、姜末 5 克、葱末 10 克、剁椒酱 10 克、油泼辣子 10 克、红辣椒油 3 克、香麻油 5 克

工具 汤锅、剪刀

分量 10 个

1. 春卷皮 10 张备用；
2. 海带、黄瓜、胡萝卜、莴笋、水发黑木耳切丝，凉面煮熟过凉水后切断备用，然后将海带、胡萝卜、黑木耳、黄豆芽过沸水抄熟置于盘中；
3. 取春卷皮一张；
4. 中间将各式菜码每种取一点放入饼皮中间；
5. 卷起筒状；
6. 然后用剪刀将两头煎整齐，剩余材料重复操作即可；
7. 最后将味汁用料中所有材料混合调匀，食用时蘸取适量味汁即可。

1

2

3

4

5

6

7

操作要点

1 菜码可随个人喜好自由选择，正宗的丝娃娃里应该是要加入折耳根（鱼腥草）和大头菜丝，但因为我不喜欢这两种食材的味道，加上写这本书的季节也买不到折耳根，所以这里就没有用，如果你想尝试正宗的贵州丝娃娃，并且也喜欢鱼腥草的味道，不妨把这两味菜码加进去哦；

2 菜码的种类很多，但基本上都是少量少量的，所以操作的时候只要注意颜色的搭配和生熟的分开即可，因为类似黄瓜、莴笋这一类的菜码是可以生吃的，而胡萝卜、海带、黑木耳等是要煮熟的，所以要分开操作。

威宁荞面粑

其实说起贵州的特色小吃，具有代表性的是极多的，著名的恋爱豆腐果、肠旺面、花溪牛肉粉等等，都是非常有地方色彩的，可是为什么我会选择一个相对来说名气并不大也不见多有特色的威宁荞面粑？就是因为我曾经去过威宁的草海。

整个贵州在中国来说不算富裕，而威宁算是贵州比较落后的地区，在这样一个相对闭塞的环境中，却有着中国最美的湿地和候鸟天堂。威宁人的纯朴个性和他们天生天养的生活态度打动了我，我慢慢喜欢上威宁的荞面粑这种食物，纯天然无添加，食物所表现的就是它本来最纯真的味道。吃多了山珍海味的时候，我们的心灵和肠胃都需要净化一下，尝试一下简单的食物，说不定能带给你更多惊喜。

原料 荞麦粉 150 克、糖粉 30 克、泡打粉 2 小勺、水 200 克、色拉油少许

工具 平底不粘煎锅、毛刷、中号汤勺

分量 10 个

1. 荞麦粉、糖粉、泡打粉置于大碗中混合均匀；
2. 加入清水；
3. 搅拌成均匀的面糊；
4. 因为各种面粉吸水性不太相同，所以这里给出的水量只供参考，可以一边加水一边搅拌观察，面糊的浓稠度达到勺起呈带状落下，重叠出的花纹过几秒才会消失的状态，这样的深稠度便是最适宜的；
5. 将调好的面糊盖上盖子静置 20～30 分钟；
6. 平底锅刷少量油，中火加热，待到锅底温度达到 80℃左右时转小火；
7. 将面糊重新搅拌均匀后，取一勺面糊；
8. 倒入平底锅中；
9. 待表面开始出现密集的气泡时；
10. 将面饼翻面再烙 30 秒左右即可；
11. 剩余材料重复以上操作即可。

操作要点

1 因为荞麦面粉的颗粒比普通面粉要粗一些，所以搅拌成面糊后要静置一段时间以使面粉充分吸收水分；

2 煎锅的温度要掌握好，火太大容易煎煳，太小煎过长时间水分蒸发过多面饼的口感会变硬，所以只要将锅烧到中等热度后一直小火加热即可。

八、西北风情小吃

南米北面，西北无疑是面食的天堂，中国最出名的面食，这里占了四分之三，西北人爱吃面，爱做面，爱一切与面有关的美食，这种本性是深入骨子里的。自古以来，因为西北地处边塞，交通不便利，气候严寒，从古丝绸之路到走西口，多少辈的西北人是从驼队马鞍上走出了自己的传奇和财富，各种面食干粮，也因为易携带易保存吃起来管饱顶饿，所以受到他们的欢迎。

陕西肉夹馍

肉夹馍，实际是两种食物的绝妙组合：腊汁肉，白吉馍。肉夹馍合腊汁肉、白吉馍为一体，互为烘托，将各自滋味发挥到极致。馍香肉酥，肥而不腻，回味无穷。

白吉馍源自咸阳，是用上好面粉揉制后做成饼形，置铁铛板上略烤成型，放入炉膛侧立，上下隔着铁铛板的炭火烘烤，少顷翻面，双面松脆微黄即可。上品白吉馍揉制充分，火候恰到好处。制好的白吉馍形似“铁圈虎背菊花心”，皮薄松脆，内心软绵。可单独食用，配腊汁肉同食味道更佳。

腊汁肉起源于战国，古时称为“寒肉”，选用上等硬肋肉，用盐、姜、葱、草果、蔻仁、丁香、枇杷、桂皮、冰粮、大香等 20 多种材料汤煮而成，陕西几家很有名的卖腊汁肉的老店，所用的汤都是历代流传下来的陈汤，较少加水，有个别字号的老汤几乎是从清朝传到当今，那锅老汤加料加水不断火，几百年的传承才能成就独门秘制腊汁肉。地道的腊汁肉色泽红润，酥软香醇，肥肉不腻口，瘦肉满含油，配上热馍夹上吃，美味无穷。

想吃肉夹馍时，自个在家也是能做的，虽然味道比不上那些百年老店，但自己做的起码放心实在，味道也随自己的喜好，相对来说，吃的是个舒心和满足。

白吉馍 中筋面粉 300 克、水 150 克、干酵母粉 3 克

腊汁肉 五花肉 500 克、冰糖 15 克、色拉油 30 克、料酒 20 克、小葱 15 克、姜 15 克、盐 8 克、生抽 15 克、老抽 5 克、八角 5 克、草果 5 克、砂仁 5 克、荜茇 5 克、桂皮 5 克、丁香 5 克、高良姜 5 克、花椒 5 克、水 2000 克

工　具 面包机、炒锅、汤锅、平底煎锅、擀面杖、高压锅、保鲜膜、刀

分　量 9 个

1. 将做白吉馍的所有材料倒入面包机中；
2. 搅打 20 分钟后取出揉圆；
3. 放入大盆中，盖上保鲜膜；
4. 置于温暖处（30℃左右）发酵至 2 倍大；
5. 将发酵好的面团取出排气重新揉圆；
6. 分割成 9 等份，逐一滚圆；
7. 取一个小剂子拉长，从上往下折合捏起；
8. 滚圆成纺锤状；
9. 然后将面团模擀开成牛舌状；
10. 横向卷起，尾部折叠按实；
11. 将折口向下面卷竖放；
12. 用手按压成圆形面饼；
13. 然后用擀面杖擀开成为中间凹周边翘起的形状；
14. 平底锅烧热后转小火，将面饼坯放入锅中干烙；
15. 盖上锅盖烙 5 分钟；
16. 然后翻面再烙 3 分钟即可；
17. 剩余饼坯重复以上操作即可；
18. 炒锅倒入 30 克色拉油，小火加热，下入冰糖；
19. 不停翻炒，至冰糖融化变成焦色时关火；
20. 往锅中加入 2000 克水，然后放入料酒 20 克、小葱 15 克、姜 15 克、盐 8 克、生抽 15 克、老抽 5 克、八角 5 克、草果 5 克、砂仁 5 克、荜茇 5 克、桂皮 5 克、丁香 5 克、高良姜 5 克、花椒 5 克，最后放入 500 克大块的五花肉，搅拌均匀后大火煮至沸腾；
21. 然后将锅中所有材料转入高压锅中，大火烧上汽后转小火，压 25 分钟；
22. 放气开盖后将卤好的五花肉取出，趁热用刀剁碎；
23. 白吉馍从中横剖一刀，不要切断，留一小部分连着；
24. 将切碎的腊汁肉夹入白吉膜中；
25. 最后浇上 1 勺腊汁肉的卤汤即可。

操作要点

1 面团发酵夏天室温即可，冬天可放入烤箱、发酵箱或者烧上汽后关火的蒸锅；

2 面团发酵时间约为 1 个小时，所以面团发酵的同时可以卤腊汁肉，等肉卤好后可不开盖保温，等白吉馍烙熟后再将肉取出切碎夹馍，这样比较节省时间；

3 炒糖色是很关键的一步，冰糖炒至焦糖色加入卤汁中，卤出来的肉才红亮带甜鲜，这一步不可省略，也不能图省事直接把糖加入卤水中。

西安羊肉泡馍

说起陕西的小吃，最负盛名的，当数西安的羊肉泡馍了。它烹制精细，料重味醇，肉烂汤浓，肥而不腻，营养丰富，香气四溢，诱人食欲，食后回味无穷。因它暖胃耐饥，素为西安和西北地区各族人民所喜爱。而几乎所有的外地游客，到了西安，便一定要尝一碗羊肉泡馍，不然就算白到西安走一遭。羊肉泡馍，已然成为西安的美食名片，当之无愧的陕西美食“总代表”。

坨妈家制作的羊肉泡馍，跟正宗的西安做法相比，也许会有一点出入，但好在方便家庭操作，在我看来只要煮出一锅好汤，烙出几个好馍，有些小细节上的不同，就不必太计较了。

馍 中筋面粉 280 克、青稞面 20 克、酵母 3 克、水 150 克

汤头 牛肉 500 克、羊肉 500 克、葱段 15 克、姜片 50 克、茴香 5 克、香叶 3 克、肉蔻 1 个、花椒 10 克、大料 5 克、干姜 10 克、盐 30 克、水 2000 克、料酒 10 克、白胡椒粉适量

配菜 红薯粉条 100 克、香菜、青蒜各适量、香油少许、

工具 面包机、平底煎锅、擀面杖、炒锅、汤锅、滤勺、滤篮、纱布

分量 3 人份

馍的制作请参考上一章陕西肉夹馍中的白吉馍制作，唯一区别是面粉配方不同，羊肉泡馍的馍，面粉中要加入少量青稞面，其余操作完全相同，所以这里就不重复介绍了。

1. 茴香 5 克、香叶 3 克、肉蔻 1 个、花椒 10 克、大料 5 克、干姜 10 克；
2. 将香料用干锅炒香；
3. 加入冷水浸泡汆洗；
4. 用纱布滤出；
5. 包起封口扎紧成料包；
6. 牛羊肉洗净；
7. 分切成片状；
8. 将切好的牛羊肉与适量清水、料包、葱段、姜片浸泡 8 小时；
9. 捡出葱姜和料包，将泡好的肉滤出备用；
10. 取一汤锅，加入大半锅清水，煮沸后下入牛羊肉片抄熟后捞出；
11. 将抄熟的牛羊肉倒入另一大汤锅中，加入料包、姜片、盐、料酒和 2000 克水，搅拌均匀；
12. 盖上锅盖，大火煮沸后转小火，炖 1 个半小时；
13. 炖汤的时候，将干红薯粉条用清水泡发；
14. 待汤煮至香气浓稠时关火；
15. 取出料包和生姜，将肉捞出，剩下的汤即为羊肉泡馍的底汤；
16. 将泡好的粉条下入汤中，加入适量白胡椒粉，煮沸后转小火再煮 1 分钟左右关火；
17. 烙好的馍尽量撕碎；
18. 将牛羊肉和切好的馍装入碗中，加入粉条拌匀，撒上切好的青蒜叶和香菜叶，最后浇上热汤，撒上香油即可。

操作要点

1 年羊肉要与料包等材料浸泡 8 小时以上，充分氽去血水以去腥膻，这样炖出来的汤才够清透鲜香；

2 炖汤的时间一定要足够，不然汤头的口感不够浓郁，这里不太建议用高压锅炖汤来缩短时间，因为肉会炖得过烂失去形状和口感；

3 正宗的羊肉泡馍，馍要撕得更碎一些，几乎是黄豆大小的小丁，我这里没有撕到那么碎。

重庆酸辣粉

“酸辣粉”是四川、重庆等地的传统名小吃，起源于四川民间，取当地手工制作的红薯粉，味以突出酸辣为主而得名，后来经过不断地演变和调制而正式走上街头，成为重庆的一种特色小吃。

说起酸辣粉的来历，广泛流传着这样的典故。三国时期，刘备、关羽、张飞在桃园三人结义后，桃园的主人专门为他们做的饭菜，选了当时比较为人喜欢的红薯粉做主料，寓意这三人的友情像这粉条一样绵长，又加了一种特辣的小尖椒，和老坛酸菜以及红糖与黄连在里面，刘备的意思是要让三人明白酸甜苦辣都不怕，四川酸辣粉、重庆酸辣粉由此演变而来。后人因为其味酸辣入味，渐渐就改成了“酸辣粉”。重庆酸辣粉特点是“麻、辣、鲜、香、酸，且油而不腻”。

个人觉得酸辣粉的正宗与否，灵魂在调料上，只要给足正宗的川式调料，很容易能做出一碗香辣爽口的正宗酸辣粉。

主　料　红薯粉丝 150 克、温水适量、冷水适量

辣椒油　干尖椒 5 克、花椒 3 克、肉蔻 1 克、小茴香 1 克、八角 1 克、紫草 1 克、香茅草 1 克、桂皮 1 克、香叶 1 克、三奈 1 克、草果 1 克、色拉油 40 克

炸　酱　猪五花肉 50 克、生粉 1 小勺、料酒 1 小勺、老抽 1/2 小勺、色拉油 50 克、郫县豆瓣酱 5 克、甜面酱 3 克、水适量

配　料　盐酥花生 30 克、酸豆角 10 克、酸菜 15 克、小葱适量、香菜适量、镇江香醋适量、生抽适量、盐适量、鸡精适量、高汤适量

工　具　料理机、汤锅、滤网、不粘锅、大汤勺、滤篮

分　量　3 人份

1. 将制作辣椒油的所有材料置于盘中；
2. 用料理机打成粉末；
3. 取1大勺（铁制或者不锈钢制）装入40克色拉油，将勺直接在火上加热至油滚烫冒烟，然后浇入香料粉末中；
4. 混合均匀即成辣椒油；
5. 猪五花肉50克剁成肉末；
6. 加入生粉1小勺、料酒1小勺、老抽1/2小勺；
7. 拌匀备用；
8. 不粘锅倒入50克色拉油，大火烧热后下入肉末扒熟；
9. 然后加入郫县豆瓣酱5克、甜面酱3克和少量水，小火煮5分钟左右，然后大火收汁至浓稠；
10. 盛起装入碗中即成炸酱；
11. 准备好盐酥花生30克、酸豆角10克、酸菜15克、小葱和香菜切碎备用；
12. 红薯粉丝150克用温水浸泡至涨发；
13. 滤出水分备用；
14. 汤锅倒入适量高汤煮沸；
15. 下入红薯粉丝煮至再次沸腾后转小火再煮2~3分钟关火；
16. 将粉丝捞出，滤干；
17. 取一大碗，根据自己口味加入适量的辣椒油、生抽、香醋和盐和鸡精；
18. 将煮过粉丝的高汤加入碗中搅拌均匀，加半碗左右即可；
19. 然后取适量粉丝加入碗中拌匀；
20. 最后在表面撒上花生、酸菜、酸豆角、炸酱肉末、小葱和香菜即可。

操作要点

1 制作辣椒油的油一定要烧至滚烫冒烟，这样才能最大限度地杀出香料和辣椒粉中的味道；

2 碗中加入的调料分量随自己口味调配，所以盐、鸡精、生抽、辣椒油和醋的分量在这里没有具体给出，因为每个人的喜好不一样，喜欢吃酸就多加点醋，喜欢吃辣就多加点辣椒油。

油醪糟

油醪糟，重庆涪陵特色小吃，涪陵油醪糟早年是民间接待客人的饭前饮品。客人进家，主人就煮一碗油醪糟（有的地方要加上鸡蛋）让客人享用。这一待客方式地方说法叫做“吃开水”。因为油醪糟在客人心目中有“第一印象”的作用，所以，油醪糟的制作就尤其精细和讲究。

当地居民在制作油醪糟的时候，每道工序都极为讲究。选料时，糯米要经过米筛筛选，漏去糠皮碎米，谷稗杂物，让它粒粒饱满；蒸煮火候恰当不老不嫩，酵母一定是当地名家所制，发酵不迟不早。这样，制作的醪糟状若白棉，团而不散，香气浓郁；然后，再将上好的核桃、芝麻、酥脆之后的花生、冬片、枣泥、橘饼等辅料捣细，以上等猪边油煎炒，直至基本失去水分，然后以瓮盛装，自然封存，越年不腐。

自己在家做，当然不可能每道工序自己都能完成，而且如今在超市就能买到成品的醪糟，各种干果也只要用料理机打碎即可，如此一来，炒制出一碗香浓的油醪糟就变得非常容易。

主料 黑芝麻 50 克、盐酥花生（去皮）50 克、核桃仁 50 克、醪糟 150 克、猪油 30 克、冰糖 25 克

辅料 小汤圆 100 克、水 500 克

工具 料理机、汤锅、不粘锅、汤勺

分量 3 人份

1. 花生、黑芝麻、核桃仁备用；
2. 将黑芝麻用料理机打磨成粉；
3. 将核桃仁和花生碾碎；
4. 醪糟备用；
5. 将黑芝麻粉与花生、核桃碎一起倒入锅中小火干炒；
6. 炒至散发香味的时候，加入 30 克猪油，翻炒至猪油融化；
7. 然后加入 25 克冰糖；
8. 再加入 150 克醪糟；
9. 翻炒均匀至冰糖完全融化时关火；
10. 盛入碗中即成油醪糟；
11. 汤锅注入约 500 克水，煮沸后下入 100 克小汤圆；
12. 煮至再次沸腾时下入 1 大勺油醪糟；
13. 搅拌均匀再煮约 1 分钟关火即可。

操作要点

1 油醪糟的分量在这里有多的，一次用不完的可以密封放入冰箱保存，基本上一周时间内不会坏，想吃时取出来煮即可；

2 醪糟本身很甜，加入冰糖后更甜，所以炒好的油醪糟最好不要直接食用，而是要加水和小汤圆一起煮后食用，以免过于甜腻；

3 此物有催奶作用，给哺乳期妇女食用是极好的。

成都担担面

担担面是四川民间极为普遍且颇具特殊风味的一种著名小吃。过去的小贩会挑着担子穿街走巷叫卖“担担面、担担面”，由此得名。在过去，成都走街串巷的担担面，用一盅铜锅隔两格，一格煮面，一格炖蹄膀。现在重庆、成都、自贡等地的担担面，多数已改为店铺经营，但依旧保持原有特色，尤以成都的担担面特色最浓。

此面色泽红亮，冬菜、麻酱浓香，麻辣酸味突出，鲜而不腻，辣而不燥，堪称川味面食中的佼佼者。其面条细滑，主要作料有红辣椒油、肉末、川冬菜、芽菜、花椒面、红酱油、蒜末、豌豆尖和葱花等，口味油香麻辣，非常美味。

面条 新鲜拉面 250 克、水适量

炸酱 五花肉末 100 克、姜末 10 克、蒜末 10 克、宜宾碎米芽菜 30 克、色拉油 40 克、郫县豆瓣 10 克、甜面酱 5 克、水少量

味汁 油泼辣子 15 克、辣椒油 10 克、花椒油 3 克、香油 3 克、生抽 5 克、老抽 1 克、盐 2 勺、鸡精适量、白糖半小勺

辅料 青菜适量、高汤适量、花生碎适量、白芝麻粉适量、葱末适量

工具 汤锅、不粘锅、滤网

分量 2 人份

1. 五花肉剁成肉末，生姜大蒜切末；
2. 碎米芽菜置于碗中备用；
3. 不粘锅中倒入 40 克油，大火烧热；
4. 下入姜蒜末煸香；
5. 然后下入肉末扒熟，改小火煎至五花肉中的肥肉出油；
6. 加入碎米芽菜；
7. 然后加入郫县豆瓣、甜面酱和少量水混合均匀，小勺火炖 5 分钟后大火收汁至浓稠；
8. 将肉臊盛起即为炸酱；
9. 将味汁中所有材料混合均匀备用；
10. 新鲜拉面 1 包；
11. 取 250 克面条备用；
12. 汤锅注入适量清水煮沸；
13. 下入面条拨散，煮至再次沸腾后加少量冷水，反复 3 次左右至面条煮至完全浮起；
14. 将煮好的面条捞出；
15. 煮面的水倒掉，汤锅中加入适量高汤煮沸，然后下入青菜烫熟；
16. 取适量煮好的面条和青菜码入碗中，加入适量高汤、味汁、炸酱，最后在表面撒上少许花生碎和芝麻粉及少量葱花即可。

操作要点

1. 碎米芽菜和郫县豆瓣、甜面酱已经很咸，所以炸酱中不用再加盐；
2. 没有碎米芽菜的，可用一般咸腌菜代替；
3. 没有高汤的用清水代替亦可，只是面汤的味道就没有那么好了；
4. 新鲜拉面一般超市有售。

龙抄手

“抄手”是四川人对馄饨的特殊叫法，是因为包起的馄饨形似一人两手相抱而得此名。“龙抄手”是成都最著名的小吃老字号，主营红油抄手和清汤抄手，也兼营其他四川名小吃。“龙抄手”的抄手，皮薄馅嫩，爽滑鲜香，汤浓色白，为蓉城小吃的佼佼者，迄今已有 60 余年的历史了。

抄手也就是馄饨，在四川以外的其他地方，从来都是清汤煮，偶见有用油煎的，但只有在四川，会加上成堆的辣子和花椒油，做成重口味的红油抄手，其中很变态的“老麻抄手”绝对会让你吃到第三颗就找不到自己的嘴巴在哪儿。但也正因为这种极致的口感，会让爱它的人极爱，怕它的人避之不及，不过本人也是个重口味的超级嗜辣，所以这里很私心地用了红油抄手的做法，不喜欢吃辣的朋友，用清汤煮就好啦！

抄　手　馄饨皮 100 克、猪前夹肉 250 克、鸡蛋 1 个、生粉 5 克、盐 1 勺、鸡精适量、白胡椒粉适量、生抽 1 勺、高汤适量

辣椒油　花椒 10 克、干尖椒 10 克、色拉油 30 克

调　料　辣椒油适量、香油适量、生抽适量、香醋适量、糖少许、盐 1 小勺、鸡精适量、白胡椒粉适量、葱末适量

工　具　料理机、汤锅、滤勺、大汤勺

分　量　1 人份

1. 馄饨皮 100 克；
2. 猪前夹肉剁成肉蓉；
3. 加入鸡蛋 1 个、生粉 5 克、盐 1 小勺、生抽 1 勺、鸡精适量、白胡椒粉适量；
4. 搅拌均匀；
5. 取一张馄饨皮包入少量肉末，上下错角对折再左右对折包成抄手；
6. 剩余材料重复操作；
7. 花椒 10 克、干尖椒 10 克；
8. 用料理机打磨成干粉；
9. 大汤勺（铁制或者不锈钢制）加入 30 克色拉油，将勺置于火上烧至油滚烫冒烟，然后倒入辣椒粉中；
10. 搅拌均匀即成辣椒油；
11. 汤锅中注入适量高汤煮沸，下入包好的抄手大火煮至再次沸腾时再煮 30 秒关火；
12. 汤碗中根据自己口味加入辣椒油适量、香油适量、生抽适量、香醋适量、糖少许、盐 1 小勺、鸡精适量、白胡椒粉适量；
13. 然后将锅中高汤冲入碗内搅拌均匀；
14. 将抄手捞出；
15. 加入调料碗中，表面撒上少量葱末即可。

操作要点

1　这里给出的抄手用量可以包 60～70 个抄手，一次吃不完的可将包好的生坯放入冰箱急冻，想吃时取出再煮即可；

2　这里的辣椒油和酸辣粉的辣椒油不太一样，没有过多香料，主要以干辣椒和花椒为主，尤其花椒的分量很重，所以最后的成品会是老麻抄手的口感，如果不太能接受这种麻，可将花椒的比例相应减少；

3　调料的分量随个人口味调节，喜欢吃辣就多放辣椒油，喜欢吃酸就多放醋，所以这里不给具体分量。

叶儿粑

叶儿粑又叫“艾馍”，原是川西农家清明节、川南春节的传统食品。1940 年，崇州怀远“古镇人家”将艾馍精心改制，更名为叶儿粑。叶儿粑制作选料考究，工艺精细，具有色绿形美、细软爽口的特点，为四川名小吃之一。用糯米粉面包麻茸甜馅心或鲜肉芽菜咸馅心，外裹芭蕉叶（也有用粽叶、橘子叶等），置旺火蒸。特色是清香滋润，醇甜爽口，荷香味浓，菜分两味，咸鲜味美。

自己做叶儿粑并不困难，你方便买到哪种叶子就用哪种，不必太拘于形式，内馅其实也可根据自己口味选择，不一定非得用传统的内馅。

粉团 糯米粉 150 克、澄粉 50 克、水 170 克、化猪油 30 克

内馅 五花肉 100 克、盐 1 小勺、鸡精适量、料酒 3 克、生粉 3 克、碎米芽菜 50 克、色拉油 30 克、老抽适量、水适量

辅料 新鲜粽叶适量

工具 筛网、不粘锅、筷子、蒸锅、剪刀

分量 8 个

1. 糯米粉和澄粉混合过筛置于大碗中；
2. 加入 170 克清水；
3. 搅拌成团状；
4. 加入 30 克化猪油；
5. 用手揉匀，成光滑的粉团；
6. 五花肉 100 克；
7. 剁成肉末后加入盐 1 小勺、鸡精适量、料酒 3 克、生粉 3 克拌匀；
8. 碎米芽菜 50 克；
9. 不粘锅中倒入 30 克色拉油大火烧热，下入肉末扒熟，然后小火煎至五花肉中的肥肉出油；
10. 加入碎米芽菜；
11. 然后加入适量老抽和少量水，翻炒均匀后收至水分八九成干；
12. 将炒好的肉馅盛入碗中，冷却后放入冰箱冷藏 1 小时以上，至油凝结；
13. 粽叶煎成 12 厘米 × 12 厘米长的正方形；
14. 取约 40 克的粉团搓圆后盖扁；
15. 中间放入约 40 克的内馅；
16. 包起捏紧滚圆成长条形；
17. 用粽叶包起底边；
18. 剩余材料重复操作，然后将包好的生坯置于注水的蒸锅中，两边用筷子固定；
19. 盖上锅盖，大火蒸上汽后转小火，蒸 25 分钟左右；
20. 开盖后取出装盘即可。

操作要点

1 肉馅中油分较多，直接包制不易操作，所以需冷藏至油脂凝固后再包；

2 包制的时候注意粉皮和内馅中间不要包入空气，一定要捏合滚紧包实，这样在蒸制过程中才不会破皮流油。

新疆烤馕

烤馕是维吾尔族群众日常生活中不可缺少的最主要的食品，也是维吾尔族饮食文化中别具特色的一种食品。维吾尔族食用馕的历史很悠久，约从秦汉时期就有记录。

馕的一般做法跟汉族烤烧饼相似。在面粉中加少许盐水和酵面，和匀，揉透，稍发，即可烤制。添加羊油的即为油馕；用羊肉丁、孜然粉、胡椒粉、洋葱末等作料拌馅烤制的为肉馕；将芝麻与葡萄汁拌和烤制的叫芝麻馕。馕的品种很多，大约有50多种，还有窝窝馕、片馕、希尔曼馕等等。

本篇介绍的是最基础的酥油馕的做法，传统的馕是用馕炕（吐努尔）烤制而成，自己在家做就用烤箱代替吧。

原料 中筋面粉350克、全麦面粉50克（不含麦麸）、盐1小勺、五香粉1/3小勺、干酵母粉3克、水250克、植物油适量

工具 面包机、馕针、比萨盘、烤箱、毛刷、保鲜膜

分量 3个

1. 将除植物油以外的所有材料倒入面包机中；
2. 选择和面程序开始搅打面团；
3. 搅打 30 分钟后停止，此时面团已经搅打得比较光滑；
4. 取一小片面团撑开，可以拉出薄膜，但破口不光滑，此时便可以做饼了；
5. 将面团取出滚圆，放入大盆中，包上保鲜膜，置于温暖处（30℃左右）发酵；
6. 待面团发酵至 2 倍大时停止发酵；
7. 将面团取出排气，分割成 3 等份（约 220 克一份），逐一滚圆，盖上保鲜膜或者湿布醒发 10～15 分钟；
8. 9 寸比萨烤盘刷薄油，然后掌心抹油，取一份面团按扁推平，像做比萨饼皮一样，边缘推厚；
9. 用馕戳子在饼坯上打出均匀的花纹；
10. 饼坯表面再刷一层薄油；
11. 烤箱预热，上下火 220℃，中层，烤 10 分钟后，上火转为 250℃，再烤 3～4 分钟即可；
12. 烤好的馕饼出炉后趁热表面再刷一层薄油，剩下两个饼坯重复以上步骤操作即可。

操作要点

1. 全麦面粉可增加面饼的粮食香味，如果没有，可以全部用中筋面粉；
2. 加五香粉只是个人喜好，不喜欢的可以不加，当然你也可以加入香草碎等自己喜欢的材料；
3. 正宗的新疆烤馕生坯表面应该还要撒芝麻，但我们家有人不喜欢吃芝麻，所以我就没加，喜欢芝麻香的同学可以在步骤 10 刷完薄油之后加上芝麻；
4. 馕饼也可以做成牛奶加糖口味的，这个配方就需要自己去调节了；
5. 最后上火改成 250℃是为了让馕饼烤出焦色，此时要守在烤箱跟前时刻注意，一旦烤到自己需要的颜色程度时，立即关火，以免烤过变得焦黑；
6. 因为要分三次烤，烤前一个的时候，后一两个面团要盖上保鲜膜或者湿布以免面团表皮干枯。

丁丁炒面

新疆的美食很多，烤包子、拉条子、馕包肉、大盘鸡、新疆拌菜、丁丁炒面以及各种烤串等，做法独特，麻辣鲜香。而在这些小吃中，我对丁丁炒面情有独钟，因为这道小吃面菜俱全，营养丰富，口味酸甜适中，是很大众化的一道小吃。

丁丁炒面的丁其实是用拉条子的条改刀的，其他配菜简单得很，和普通炒面大致相同，只是在这道面里全要切成丁同炒，所以只需注意将各种丁切得大小一致就好了。

面条 中筋面粉 100 克、水 65 克

配菜 色拉油 60 克、鸡脯肉 50 克、盐 1／3 小勺、生粉 1 小勺、料酒 1 小勺、洋葱半个、红椒半个、青椒 1 个、胡萝卜半根

调料 盐 1 勺半、鸡精适量、白胡椒粉适量、番茄酱 15 克、生抽 1 勺、糖半勺

工具 汤锅、不粘锅、滤网、刮板、保鲜膜、刀、筷子

分量 1 盘

1. 中筋面粉倒入大碗中；
2. 加入 65 克水；
3. 用一根筷子搅拌成絮状；
4. 然后用手揉 20 分钟左右，成光滑的面团盖上保鲜膜或者湿面醒 30 分钟；
5. 鸡脯肉切小丁，加入盐 1/3 小勺、生粉 1 小勺、料酒 1 小勺拌匀；
6. 洋葱、胡萝卜、青红椒全部切成约 1 厘米左右的方形小丁；
7. 将面团分切成 4 等分；
8. 取一小份搓成直径约 1厘米的长条，然后切成小丁；
9. 将所有面团全部切成小丁备用；
10. 汤锅注入适量清水，煮沸后下入面条丁，煮至再次沸腾后加适量冷水，反复 3～4 次煮至面丁全部浮起时关火；
11. 将面丁过冷水冲洗以防粘连；
12. 不粘锅倒入 60 克色拉油，大火烧热后下入鸡丁扒熟；
13. 然后下入洋葱、青红椒和胡萝卜丁翻炒均匀，加少量水煮至胡萝卜丁熟透；
14. 然后下入面丁，加入番茄酱；
15. 加入盐 1 勺半、鸡精适量、白胡椒粉适量、生抽 1 勺、糖半勺翻炒均匀即可。

操作要点

1 面团要揉制出筋，面条才更有弹性；
2 揉好的面团要醒一会才更柔软，口感更好；
3 所有材料都要切成差不多大小的小丁，不要大的大小的小，影响成品美观；
4 煮好的面丁要过冷水冲洗以防粘连，这样口感才更爽滑，炒制的时候也不会煳锅。

烤羊肉串

西北小吃中最早为大家所熟知，也是普及度最高的，莫过于羊肉串了。在大江南北的任何城市，随处可见戴着瓜皮帽唱着歌大声叫卖羊肉串的新疆人，他们热情如火的歌舞，和那火辣辣的羊肉串，就这样以一种鲜明的印记留在了人们的心里，让人回味无穷。

不过在被各种食品安全和卫生问题搞怕了的中国人心里，烧烤店卖的羊肉串已经和三聚氰胺牛奶一样，和毒品画上了等号，染色剂、防腐剂、人工香精、苏丹红还有炭火的灰尘，各种致癌物质，这些都让人们在享受这一美食之前，犹豫再三，纠结再纠结。

其实想要避免这些，只要自己动手做就可以了，买新鲜的羊肉，加点儿盐、孜然、红辣椒粉腌渍一下，再用烤箱烤个几分钟就完工了，方便省事，也不用担心卫生与安全的问题。

原料 羊肉500克、孜然10克、盐1小勺、红辣椒粉10克、料酒5克、生粉半小勺、油15克

工具 竹签、烤箱、锡纸、毛刷

分量 20串

1. 选择肥瘦适中的羊肉；
2. 斜切成大小重量基本相同的滚刀块，每块重5克，切出的羊肉呈菱形状；
3. 加入盐、红辣椒粉、料酒、生粉和少量油腌渍30分钟；
4. 用竹签按照羊肉的对角串起；
5. 码入铺好锡纸的烤盘，将羊肉串表面刷上少量油，撒上孜然和少量红辣椒粉；
6. 放入温度为240℃的烤箱内烤制5分钟，然后翻面再烤3分钟，至表面呈金黄色，即可取出食用。

操作要点

1 烤肉要腌渍入味口感才更好；

2 烤肉的火力一定要够大，大火短时间烘焙才能烤出嫩滑口感的羊肉，温度低了或者烤的时间过长，肉就老了，影响口感。

九、两湖特色小吃

为什么把湖南湖北的小吃放在最后介绍，是因为湖北是本人的家乡，最喜欢、最珍视、最放在心底的，总是想留在最后才拿出来示人。写别人家乡的美食的时候，都会带着客观和审视的眼神去品评，挑肥拣瘦、嗤之以鼻，时亦有之，可是真到了写自己的家乡，却唯恐人家说一个不好，虽然这些小吃美食在别人看来是很普通很平凡的东西，却是本人最珍视的回忆。

两湖的小吃，和两广相比，不见得多精致，和其他地方相比，口味和用料也不见得多有特色，也许正是因为两湖处在一个不南不北不东不西的中部，所以这里的美食融合了各地美食之所长，包罗万象，百花齐放。它不像苏杭细点那样精细而过于甜腻，也不像西北小吃那样粗犷而过于顶实，甜与咸、麻与辣、精致或豪放在这里都是很适中和恰当的，所以也是最适合大众口味的。

湖南米豆腐

米豆腐是湘西地区著名的小吃。它是用大米淘洗浸泡后加水磨成米浆，然后加碱熬制，冷却后形成的块状“豆腐”。食用分为凉食热食两种，凉食是将米豆腐切成小片放入凉水中再捞出，盛入容器后，将切好的大头菜、盐菜、酥黄豆、酥花生、葱花等适合个人口味的不同作料末与汤汁放于米豆腐上；而热食一般是加入肉末和剁椒红烧。相比之下，热食更入味，所以本书中介绍的是热食的做法。

中国人最早普遍知道湖南米豆腐这道小吃，是因为一部电影，但 80 后的朋友估计很少有人看过。《芙蓉镇》这部电影，我记得是在很小的时候看过，那时候的刘晓庆和姜文还很年轻，两人演绎了文革时期两个争议人物之间一段纯真的爱情。在那样一个扭曲的年代，那样一种灰暗的色彩中，我只记住了豆腐西施羞涩的微笑，她笑着往她爱的那个男人的豆腐碗里加着辣子，一勺又一勺，火红的颜色，如同人们心中对美好生活和幸福爱情的向往。从此我记住了湖南的米豆腐，记住了这种火辣的幸福。

主料 米豆腐500克、五花肉30克、姜末10克、蒜末10克、干尖椒适量、葱末适量

辅料 色拉油60克、盐1小勺、剁椒酱30克、郫县豆瓣10克、鸡精适量、生粉3克、水适量

工具 不粘锅

分量 1碗

1. 米豆腐切成约2厘米见方的小块；
2. 五花肉剁成肉末、生姜大蒜小葱切末，干尖椒备用；
3. 不粘锅倒入60克色拉油大火烧热，下入姜蒜末煸香；
4. 然后下入五花肉末扒熟，改小火煎至五花肉中的肥肉出油；
5. 加入干尖椒炼30秒；
6. 然后加入盐1小勺、剁椒酱30克、郫县豆瓣10克，炒出红油；
7. 下入米豆腐；
8. 加水没过豆腐，搅拌均匀；
9. 盖上锅盖，大火煮沸后转小火，煮5分钟左右；
10. 加入少量鸡精，然后将生粉3克加入适量清水调成水淀粉倒入锅中勾芡；
11. 迅速翻炒均匀至汤汁浓稠时关火；
12. 盛入碗中撒上适量小葱末即可。

操作要点

1 剁椒酱、郫县豆瓣、干尖椒都要过油炒过才能炼出红油，成菜的颜色也才更好看；

2 加入水淀粉勾芡后要迅速翻炒均匀后关火，以免炒得过干淀粉结成团。

长沙糖油粑粑

本人去长沙玩的时候，对长沙的海量特色小吃印象深刻，其中最得我心的，就是“糖油粑粑”。长沙的糖油粑粑造价便宜，主要原料是白面和饴糖，但其制造工艺精细讲究，有特殊的制造过程。它虽不能登大雅之堂，也不能与山珍海味、鱼翅熊掌相媲美，但正是因其廉价味美，才能出入平常百姓家，受到民众的厚爱，成为民间长吃不厌的小吃。在长沙，不管人的俊美丑恶、身份地位，也不管男女老少，凡是热爱生活、享受吃的乐趣的人，都懂得吃糖油粑粑的那种美妙，都对那三毛钱一个的糖油粑粑有特殊感情。早上三个糖油粑粑下肚，可饱一天精神，充沛体力，下午三个糖油粑粑打牙祭，提神饱肚，精神旺盛，糖油粑粑的滋味和作用在长沙人眼里都是奇妙无穷的。

本篇中介绍的“糖油粑粑”的做法，是个长沙人肯定要说我不正宗，好吧，我也承认我不正宗，因为正宗的糖油粑粑是炸的，而且要用一大锅的油和糖来炒糖油。我这个做法是煎的，用的油相对少一些。其实在长沙，糖油粑粑的家常做法也是这样的，因为此法对材料的浪费较少，对于家庭来说比较经济实惠，而且高糖高油于现在的饮食观念看来也是不健康的，所以我们就来试试这种较方便的家常版“糖油粑粑”的做法吧！

原料 糯米粉 200 克、水 200 克、色拉油 60 克、红糖 30 克、温水 50 克

工具 不粘锅、刀

分量 10 个

1. 200 克糯米粉置于大碗中；
2. 加入 200 克清水搅拌均匀；
3. 用手揉匀，成光滑的粉团；
4. 将粉团搓出长条状；
5. 分切成 40 克一个的小剂子；
6. 逐一搓圆后按扁；
7. 不粘锅倒入 60 克色拉油中火加热；
8. 油温六成热左右时下入粉团生坯，小火煎制；
9. 煎至一面焦黄起皮时翻面再煎另一面；
10. 红糖 30 克置于小碗中；
11. 加入约 50 克温水搅拌均匀至红糖溶化；
12. 然后将红糖汁倒入锅中，晃动均匀后再将粉团翻面，粉团两面都均匀粘上糖汁，转大火收汁至浓稠时关火。

操作要点

1 煎粉团时要温油小火操作，粉团才容易煎熟且不至于煎煳；
2 翻面时粉团会有少量粘连，用锅铲切断就好；
3 糖汁不可过多，也不可煮得过久，否则会煮得溶烂，影响成品美观；
4 大火收汁时动作要快，迅速翻转后摇晃几下就可关火，否则糖汁易焦。

油炸臭豆腐

臭豆腐在长沙称为“臭干子”，以“火宫殿”为官方代表，毛泽东、朱镕基等国家领导曾光临并夸奖那里的臭豆腐好吃味美，美国《食品》杂志也亲临采访。

火宫殿选用上等黄豆做成豆腐，然后把豆腐浸入放有干冬笋、干香菇、浏阳豆豉的卤水中浸透，表面生出白毛，颜色变灰。初闻臭气扑鼻，用油锅慢慢炸，直到颜色变黑，表面膨胀以后，就可以捞上来，浓香诱人，浇上辣椒、香油，即成芳香松脆、外焦里嫩的臭干子。长沙街头也有很多民间制作臭干子的能手，例如南门口与劳动广场附近的“五娭毑”臭干子，深受长沙民众的喜爱，在下班时间经常需要排队数十分钟才能买到几片酥香味美的臭干子。

在以吃为特色的长沙文化里，“火宫殿”是臭干子的代名词，而“五娭毑”却是街头巷尾老少皆知的民间品牌。

想吃到正宗的长沙臭干子，其实不一定要去长沙，在网上可以买到正宗的长沙黑臭干子生坯，回家过油炸一下，配上自己调制的味汁即可，需要掌握的，只是炸制的火功和味汁的配比而已。

主料 黑臭豆腐 500 克、色拉油 500 克

味汁 大蒜 10 克、生姜 10 克、干辣椒末 10 克、红辣椒粉 3 克、小葱末适量、色拉油 30 克、生抽 3 克、香醋 20 克、鸡精适量、剁椒酱 10 克、香油 3 克

工具 小煎锅、炸锅、滤网

分量 12 块

1. 黑臭豆腐洗净吸干水分备用；
2. 小葱切末；
3. 生姜大蒜切末与辣椒末、红椒粉一同置于碗中；
4. 小煎锅加入 30 克色拉油烧热；
5. 下入姜蒜末、辣椒末和红椒粉，煸香后关火；
6. 将锅中材料倒入小碗中，加入小葱末，生抽 3 克、香醋 20 克、鸡精适量、剁椒酱 10 克、香油 3 克调和均匀即成味汁；
7. 锅内倒入 500 克色拉油，大火烧至油冒烟；
8. 下入臭豆腐炸制；
9. 5 秒后臭豆腐会很快浮起，并开始表面鼓泡，此时翻转，将另一面再炸 5 秒左右；
10. 捞出滤干油分；
11. 将炸好的臭豆腐码入盘中，表面淋上味汁即可食用。

操作要点

1 臭豆腐的卤汁要冲洗干净，并用厨房纸或者干布吸走表面水分再下锅，否则水分过多，下油锅时易炸锅；

2 炸臭豆腐一定要油多大火，油温要极高，这样才会在几秒内迅速将豆腐表面炸熟，最大限度地保留内部的水分，也才会有外焦里嫩的口感，油温过低豆腐会炸老。

武汉热干面

热干面是武汉最有代表性的特色小吃。它与北京的炸酱面、河南的烩面、山西的刀削面、四川的担担面，同称为中国五大面食，是武汉颇具特色的过早小吃。

武汉人称吃早餐叫“过早”，热干面一般是武汉人过早的首选小吃，在武汉卖热干面最出名的老字号是“蔡林记”。最早的热干面是一位叫李包的小贩发明的，他无意中将未卖完的面泼上了麻油，无奈只能晾干后第二天再煮，食客发现这种面更加好吃，此消息不胫而走。然后一位叫蔡明伟的小贩借鉴了这种做法并做了相应改良，并在中山大道满春路口开设了一家热干面面馆取名“蔡林记”，而后成为武汉市经营热干面的名店。

其实热干面的调料并不复杂，外地人不易做这道小吃归根结底是因为热干面专用的碱水面条很难买到，新鲜的碱水面一般只在湖北专制面条的面坊有售，不过好在如今已可以网购到干的碱水面条，所以自己动手做也是能够实现的哦！

面条 热干面专用碱水干面200克、水适量、芝麻油30克

调料 蒜末20克、小葱适量、芝麻酱30克、纯净水60克、麻油30克、生抽15克、萝卜干适量、酸豆角适量

工具 汤锅、平盘、滤篮、滤网、筷子

分量 2人份

1. 热干面专用碱水干面200克；
2. 汤锅注入适量清水煮沸；
3. 下入面条拨散；
4. 大火煮至再次沸腾后加少量冷水，再次煮沸后再加冷水，反复3～4次；
5. 将煮好的面条滤出；
6. 取一大平盘，盘中倒入少量芝麻油；
7. 将热的面条倒入盘中，用筷子拌匀面条后抖散，使面条冷却；
8. 汤锅重新注水煮沸，用滤网将面条下入开水中汆烫1分钟；
9. 然后捞出；
10. 各种调料事先备好；
11. 取适量面条盛入碗中，根据自己口味加入各种调料即可。

操作要点

1 热干面需要先冷却再烫热口感才更爽滑，在大盘中加油抖散一是为了防止面条粘连，二是为了加速冷却；

2 芝麻酱要加水调和，不然会过干不易拌匀；

3 大蒜切末后加水泡15分钟左右制成蒜水，调味时要连水带蒜一起加入；

4 热干面的酱料加入后要再加少量热汤并且快速拌匀，否则面很容易变干且拌不开。

三鲜豆皮

豆皮是除热干面之外，武汉的另一特色名小吃。是以绿豆磨浆煎成饼皮，包裹上鸡蛋做成蛋皮，再加入蒸熟的糯米，撒上炒熟的肉丁、火腿、青豆、笋、虾仁等，制作过程中要求“皮薄、浆清、火功正”，这样煎出的豆皮外脆内软、油而不腻。

在武汉做豆皮最著名的老字号是“老通城”，以经营三鲜豆皮驰名，有“豆皮大王”之称。若到武汉而没有去过“老通城”，就不算是品尝过“汉味”美食。

可是如果吃不到老通城的三鲜豆皮，就自己在家里制作吧。操作的难点只在调浆煎皮和翻面的功夫，咱没有专业厨师颠锅的手艺，但笨人有笨办法，用两口平底锅互扣就可以实现翻面啦！

糯米饭 糯米 150 克、水适量

肉 臊 五花肉 100 克、色拉油 40 克、姜末 10 克、蒜末 10 克、老抽半小勺、水发香菇 50 克、冬笋 50 克、青豆 30 克、盐 1 小勺、鸡精适量、黑胡椒粉适量、生粉 1 小勺、水适量

蛋 皮 绿豆淀粉 10 克、水 30 克、鸡蛋 1 个

工 具 蒸锅、纱布、滤网、不粘锅、平底煎锅、刮板

分 量 3 人份

1. 糯米 150 克淘洗干净后，加入约 3 倍的清水浸泡 6 小时以上；
2. 将泡好的糯米滤出；
3. 蒸锅垫纱布，将糯米倒在纱布上；
4. 均匀铺平后盖上锅盖，大火烧上汽后转小火，蒸 20 分钟左右；
5. 为让糯米熟得更快更均匀，可在中途开盖一次，将里层生米翻至外层，并撒少量水盖上锅盖再蒸，直至糯米每一粒都变成半透明状时，才说明蒸好了；

6 五花肉切成小肉丁；
7 不粘锅内倒入 40 克色拉油大火烧热，然后下入姜蒜末煸香；
8 再下入五花肉丁扒熟，改小火煎至五花肉中的肥肉出油；
9 加入半小勺老抽翻炒上色；
10 然后加入切碎的水发香菇、冬笋和抄过水的青豆；
11 再加入盐 1 小勺、鸡精适量、黑胡椒粉适量和少量的水翻炒均匀；
12 盖上锅盖小火焖 5 分钟；
13 1 小勺生粉加入适量清水成水淀粉倒入锅中勾芡；
14 快速翻炒均匀至汤汁浓稠时关火，盛入碗中备用；
15 绿豆淀粉 10 克加入 30 克水调匀，鸡蛋 1 个打散；
16 平底锅刷油，中火烧热，将绿豆粉浆倒入锅中，晃动一圈使锅底均匀地铺上粉浆，小火加热至粉浆凝固；
17 然后将打散的鸡蛋倒在粉浆皮上并用刮板抹均匀；
18 将蛋皮倒扣在另一口不粘锅中，使其蛋面朝下；
19 小火煎片刻后关火，然后在蛋皮上均匀铺上一层糯米饭；
20 然后将炒好的肉臊均匀铺在糯米饭上；
21 用另一口平底锅再次倒扣；
22 使蛋皮朝天，再小火煎 1～2 分钟后关火；
23 将煎好的豆皮整体移至砧板上，分切成正方小块即可食用。

操作要点

1 蒸糯米的同时可制作肉臊，这样可节省时间；
2 因为每一种食材都是熟的，所以蛋皮煎好后放上其他材料时只需要再稍稍煎制即可；
3 铺糯米饭和加肉臊时要将火关了再操作，以免将蛋皮煎煳。

油炸面窝

面窝是武汉特有的过早小吃，创始于清光绪年间。当时汉口汉正街集家嘴附近有个卖烧饼的，名叫昌智仁，看到卖烧饼生意不好，就想办法创制新的早点品种。经过反复琢磨，他请铁匠打制了一把窝形中凸的铁勺，内浇用大米、黄豆混合磨成的米浆，撒上黑芝麻，放到油锅里炸，很快就做出一个个边厚中空、色黄脆香的圆形米饼。人们觉得很别致，吃起来厚处松软，薄处酥脆，很有味道。昌智仁称之为面窝，流传一百多年，成为一种价廉物美的特色早点。。

面窝和热干面一样，也是武汉人爱吃的早点之一，制作简单，遍及武汉三镇的大街小巷，多为摊点经营，或由饮食店兼管，没有代表性店铺。

自己制作面窝，关键是面浆的比例和发酵时间要掌握好，而面窝专用的勺在淘宝应该也可以买到。

原料 大米 320 克、黄豆 80 克、水适量、盐 2 小勺、鸡精 1 小勺、白胡椒粉适量、小葱 10 克、生姜 15 克、黑芝麻适量、植物油 1000 克

工具 炒锅、凸勺、料理机、大汤勺、滤篮

分量 10 个

1. 大米淘洗干净后用清水浸泡 6 小时；
2. 黄豆洗净后用清水浸泡 6 小时；
3. 将泡至涨好的大米和黄豆滤出，再过水冲洗一遍；
4. 将黄豆和大米倒入料理机中，以 2:1 的比例加入水，即豆米 2 份水 1 份，然后搅打成浆；
5. 将搅打出的浆汁盖上盖子发酵一夜；
6. 葱姜切成细末，越细越好；
7. 将葱姜末加入面糊中，并加入盐、鸡精、白胡椒粉等调味，搅拌均匀；
8. 锅中倒入植物油，大火加热至冒青烟；
9. 将炸面窝的专用凸勺在锅中走一遍油，炸至勺子滚烫发热；
10. 勺中留少量底油，将面糊搅拌均匀后，用一大汤勺取适量面糊勺入凸勺中，并用汤勺在中间凸起部分刮一个小洞，留出气孔，这样在炸面糊的过程中就不会出现大的鼓包，并且会有中间酥脆四周软嫩的口感；
11. 在面糊表面撒上少量黑芝麻；
12. 将勺子连同面糊一起下油锅炸制；
13. 约 1 分钟后面窝炸至定型，会自动从勺中脱出，此时正反两面再翻炸几秒至面窝表面呈焦黄色即可捞出；
14. 剩余的材料重复步骤 9～13 即可。

操作要点

1 粉浆的发酵不是依靠泡打粉、酵母粉等发酵剂，而是利用黄豆的发性，利用一夜的时间缓慢发酵，这样做出的面窝口感才会好，如果加入泡打粉或酵母粉之类的膨化剂，在炸制时面窝表面会鼓出大小不一的气泡，影响成品美观；

2 如果料理机的功率不够大，打出的浆汁不够细腻，可以拿到菜市场去开水磨，也可以在发酵一夜后将浆汁过滤一遍，注意用勺背在筛子上打圈碾压即可筛出大的颗粒，得到细腻的米浆；

3 影响成败的关键是油的温度，炸面窝全程得大火辣锅滚油。为防止油温过热，可在锅烧热烧辣之后，勺面糊撒芝麻的时候转小火，炸面窝的时候再转大火。炸面窝的勺要先在滚油中走一遍吃透油，而且勺也一定要烧热，烧至发烫，还要留少量油在其中，然后将面糊勺入勺中，表面撒上芝麻再入锅炸，这个操作的过程手脚一定要快，油没烧热、勺没过油烧热、勺中没留油、倒入面糊后五秒之内热勺没下锅开始冷却，都会导致最后面窝粘在勺子上无法脱勺；

4 每炸完一个面窝，再炸下一个的时候，勺子都要走油加热，而且面糊都要重新搅拌均匀，如果是买的新勺，生勺不吃油会影响成品脱勺率，所以建议提前在油里泡一夜，干勺在滚油里炸几分钟，可以保证勺子吃透油，炸面窝特制的凸勺一般在湖北的各厨具市场可以买到，外省可在淘宝购买。

糯米包油条

糯米包油条不算非常有地方特色的小吃，如果非说这东西是湖北特有的有点儿牵强，因为江南的粢饭团和它很相似，唯一的区别是江南只放白糖不放芝麻，而武汉的做法里还要再加一层炒香的熟黄豆粉。也正是因为这独特的一层黄豆粉，我才觉得一定要特别介绍一下，个人感觉能把糯米油条这样平淡无味的两样东西结合得如此完美，唯有那点精的一层白糖和黄豆粉，它们把香与甜发挥到极致，这也是我个人十分偏爱这道小吃的主要原因。

主料 糯米 300 克、水适量、油条 3 根、植物油适量

辅料 白砂糖 45 克、熟黄豆粉 100 克、熟黑芝麻 15 克

工具 蒸锅、纱布、滤网、炒锅、保鲜袋、砧板

分量 3 个

1. 糯米淘洗干净后用清水浸泡 6 小时以上（冷水浸泡，不可用开水或热水）；
2. 将泡好的糯米滤出备用；
3. 将糯米倒入隔了纱布的蒸锅；
4. 盖上锅盖，大火烧上汽后转小火，蒸 30 分钟左右；
5. 打开盖子用筷子翻一下糯米，如果所有米粒都熟至颜色透明即可，如果有白色或者半白硬芯就是没蒸透，可翻动一下洒适量水盖上锅盖再蒸，直至完全熟透，然后开盖晾至稍凉；
6. 锅中倒入大半锅油，大火烧至六成热时转中火，下入油条炸至两面金黄；
7. 捞出滤干油分备用；
8. 至锅中糯米不太烫手时，将砧板上铺一层保鲜袋，将锅中糯米盛出，取适量均匀摊开呈正方形或者长方形；
9. 趁热在糯米表面撒上一层白砂糖；
10. 再撒上一层熟黄豆粉；
11. 再撒上少许熟黑芝麻；
12. 在尾部放上一根炸好的油条，如果油条太粗，半根也可以；
13. 将糯米从尾部向上包起卷成筒状，用力拧紧两头；
14. 最后撕开保鲜袋拿在手上就可以直接吃啦。

操作要点

1 油条可以在超市买半成品，回家回锅炸炸就好；

2 黄豆粉和黑芝麻一定要熟的，如果买不到熟黄豆粉可以买生的用不粘锅小火干炒，刚炒好的黄豆粉很香，如果你买的是已熟的黄豆粉，制作之前也最好稍炒一下，或者用烤箱烤、用微波小火叮一下，使黄豆粉出香；

3 包油条的糯米要注意手劲，不能太紧不能太松，包太紧太死板，包太松就散掉了不成形，所以力度要自己掌握好哦！

湖北馏粑

这个东西在湖北各地叫法不一，“馏粑”是湖北洪湖地区的叫法，在武汉人们一般叫它“米粑”，酒店叫“泰和米粑”。但在湖北的其他地区，“米粑”其实是另一种炸制的米类小吃，所以这里为了不让湖北人混淆，我还是称之为“馏粑”。

初看它的外形，和法式煎饼、日式铜锣烧很相似，但是区别却很大，这个馏粑的浆是用米而不是用面，发酵不是用的酵母和苏打粉，而是用的米酒，所以成品会有淡淡的酒香，味道很特别哦！

原料 大米 150 克、糯米 50 克、水适量、甜酒酿 100 毫升

工具 滤网、料理机、平底不粘煎锅、保鲜膜、勺子

分量 9 个

1. 大米和糯米淘洗干净后用清水浸泡 6 小时以上；
2. 将泡好的米滤出；
3. 倒入料理机，并加入 100 毫升甜酒酿；
4. 再加入约 50 克水；
5. 将所有材料搅打成浆；
6. 将打好的米浆包上保鲜膜室温发酵一夜；
7. 平底锅中火烧热，将发酵好的米浆搅拌均匀后，匀适量于锅中；
8. 盖上盖子转小火煎 1~2 分钟；
9. 待粉浆表面开始出现密集的气泡，然后气泡消失变成气孔，面饼膨大颜色变成半透明时就表示煎好了，此时即可开盖扣出。

操作要点

1 馏粑是只煎一面的，所以煎制的时候要盖上盖子，利用粉浆中的水分将自身蒸熟；

2 煎的时候要用小火，火大容易煎煳。

洪湖肉炕饼

洪湖的肉炕饼，荆州叫锅盔，和新疆烤馕一样，是在土炉里烤熟的面饼，唯一的区别是这炕饼里外都有肉，而新疆烤馕大部分是没有肉的。

炕饼是洪湖地区最有代表性的早点之一，刚出炉的炕饼是最好吃的，外酥里软，焦香的面皮、咸鲜的肉馅、掉渣的芝麻，真的是让人吃上一口就欲罢不能。吃炕饼最大的讲究是，出炉后不能放在袋子里，因为热气闭在里面无法散出，很快就会软掉，没有了那种香酥的口感也就不好吃了；也不能放冷了吃，因为炕饼出炉后夏天十分钟左右，冬天五分钟就冷了，冷却后口感就僵硬了。所以想吃到这个最美味的时刻，就只能老老实实自己去买，呆呆在炉子边守二十分钟左右等饼出锅，想让别人捎带都不成。不过在接过刚出炉的炕饼的那一刻，真的觉得再长的等待也是值得的。

在洪湖的人，了不起起个早床，或者在炕饼摊边多等一会就能享受到这份美味了，可是那些身处异乡的人们呢？那些跟我一样时刻惦记着洪湖炕饼的老乡们，那些想吃到洪湖炕饼却因为路途遥远无法实现的人们肿么办咧？

于是我左思右想，决定来试试家庭自制肉炕饼。虽然比不上土炉烤出来的香，但也基本上八九不离十了，对于那些“远水解不了近渴”的人，这个多少也是种安慰吧！

面团 中筋面粉 300 克、高筋面粉 50 克、水 200 克、植物油 20 克、干酵母粉 3～5 克

油酥 低筋面粉 100 克、盐 3 克、鸡精 1 克、辣椒粉 4 克、植物油 50 克

肉馅 猪肉（肥三瘦七）300 克、姜末 20 克、蒜末 15 克、盐 4 克、鸡精 1 克、胡椒粉适量、生粉 3 克、辣椒粉 3 克、料酒 3 克、老抽 1 小勺、水 10 克

装饰 白芝麻适量、葱花适量

工具 面包机、烤箱、擀面杖、毛刷、保鲜膜

分量 4 个

1. 将面团材料全部加入面包机中；
2. 选择和面程序开始和面；
3. 一个和面程序结束后再加15～20分钟，将面团搅打至光滑；
4. 取一块面团用手指慢慢撑开，如果可以拉出透光的薄膜，破口不太光滑的状态即可停止和面；
5. 将面团取出揉圆，放入大盆中，盖上保鲜膜置于温暖处发酵（28～30℃）；
6. 发酵至面团2倍大时停止发酵；
7. 面团发酵时，可同时制作肉馅的油酥，将猪肉剁成蓉；
8. 加入姜末、蒜末、盐、鸡精、胡椒粉、辣椒粉、生粉、料酒、老抽和水；
9. 搅拌均匀即成肉馅；
10. 低筋面粉中加入盐、鸡精、辣椒粉和油；
11. 搅拌均匀即成油酥；
12. 将发酵好的面团取出排气，分割成4等分，滚圆，盖上保鲜膜醒发10分钟左右；
13. 砧板撒扑粉，取一份小面团，擀长；
14. 中间均匀抹上一层油酥；
15. 再抹上一层肉馅；
16. 撒上葱花；
17. 将面皮上下两折，稍稍按平；
18. 再将面皮卷起；
19. 收口，竖放；
20. 再将面团按扁；
21. 烤盘刷薄油（如果不是用的不粘烤盘，请加垫锡纸，刷油就可省略）；
22. 表面抹上适量油酥和肉馅，再撒上葱花；
23. 两手沾水，将饼坯移入烤盘内，按压成比较大的椭圆形；
24. 在饼坯表面撒上一层白芝麻；
25. 烤箱预热，上下火180℃，中层15分钟，转200℃，再烤5分钟即可；
26. 烤至颜色焦黄即可出炉，剩余材料重复操作即可。

操作要点

1 这里给出的分量中，油酥和肉馅不一定用得完，可能会有少量剩余；

2 本人喜欢少量面团多肉馅和油酥，但事实上面团包得多一些表皮更不容易破，面团膨发性也更好，所以操作的时候包多少肉馅和油酥就自己掌握啦！

图书在版编目(CIP)数据

坨坨妈·小吃诱惑 / 坨坨妈著. —杭州：浙江科学技术出版社，2014. 3

ISBN 978-7-5341-5928-2

Ⅰ. ①坨… Ⅱ. ①坨… Ⅲ. ①风味小吃—食谱 Ⅳ.① TS972.142

中国版本图书馆 CIP 数据核字(2014)第 017035 号

书　　名　坨坨妈·小吃诱惑
著　　者　坨坨妈

出版发行　**浙江科学技术出版社**
杭州市体育场路 347 号　邮政编码:310006
联系电话:0571-85058048
浙江出版联合集团网址:http://www.zjcb.com
图文制作　杭州兴邦电子印务有限公司
印　　刷　杭州丰源印刷有限公司
经　　销　全国各地新华书店

开　　本　787 × 1092　1/16　　**印　张**　10.25
字　　数　230 000
版　　次　2014 年 3 月第 1 版　2014 年 3 月第 1 次印刷
书　　号　ISBN 978-7-5341-5928-2　**定　价**　38.00 元

责任编辑　宋　东　李骁睿　　**责任美编**　金　晖
责任校对　王　群　　**责任印务**　徐忠雷
特约编辑　胡燕飞